农业科技扶贫实用技术丛书

扁桃栽培新品种新技术

何　平　常源升　李林光　王海波●编著

山东科学技术出版社

图书在版编目（CIP）数据

扁桃栽培新品种新技术 / 何平等编著. -- 济南 ：
山东科学技术出版社，2019.2
（农业科技扶贫实用技术丛书）
ISBN 978-7-5331-9750-6

Ⅰ. ①扁… Ⅱ. ①何… Ⅲ. ①扁桃—果树园艺 Ⅳ.
①S662.9

中国版本图书馆 CIP 数据核字(2019)第 011548 号

扁桃栽培新品种新技术

BIANTAO ZAIPEI XIN PINZHONG XIN JISHU

责任编辑：周建辉
装帧设计：魏　然　孙非羽

主管单位：山东出版传媒股份有限公司
出 版 者：山东科学技术出版社
地址：济南市市中区英雄山路 189 号
邮编：250002　电话：（0531）82098088
网址：www.lkj.com.cn
电子邮件：sdkj@sdpress.com.cn
发 行 者：山东科学技术出版社
地址：济南市市中区英雄山路 189 号
邮编：250002　电话：（0531）82098071
印 刷 者：山东联志智能印刷有限公司
地址：山东省济南市历城区郭店街道相公庄村文化产业园 2 号厂房
邮编：250100　电话：（0531）88812798

规格：大 32 开（140mm×203mm）
印张：3.75　字数：72 千　印数：1～3000
版次：2019 年 2 月第 1 版　2019 年 2 月第 1 次印刷
定价：12.00 元

前　言

坚持农业农村优先发展，实施乡村振兴战略，坚决打赢脱贫攻坚战，是党的十九大提出的战略要求。2018 年是全面贯彻党的十九大精神和习近平新时代中国特色社会主义思想的开局之年，也是山东省基本完成脱贫任务、全面建成小康社会的关键一年。要达成既定的脱贫目标，加快建设现代农业，必须紧紧围绕新旧动能转换、推进农业供给侧结构性改革这条主线，因地制宜，大力发展特色产业，提高农业质量效益和竞争力。

果树产业是兼备经济、生态和社会效益的优势特色产业，在农村经济发展、农民增收和社会主义新农村建设中发挥着重要作用，对经济欠发达地区的经济发展也具有不可替代的作用，而且积极推动了生态环境建设，日益发挥出其休闲服务及景观功能。山东省素有“北方落叶果树王国”之美誉，果树产业是我省优势特色产业之一，但目前存在品种结构不尽合理、栽培管理技术落后、果品品质下降、生产成本上升、总体经济效益降低诸多问题。

为加快果树新品种新技术的引进推广，助力新旧动能转换，提升果树产业扶贫脱贫的效果，山东省果树研究所组织有关专家编写了这套《农业科技扶贫实用技术丛书》。本丛书涉及的树种较多，基本涵盖了山东省当前栽培的大部分果树树种，重点介绍了果树主栽新品种与新技术，技术性、实用性较强。

相信本丛书的出版对山东省果树产业可持续发展和农村科技扶贫将起到重要的推动作用。

编　者

目　录

一 概　述

扁桃属于蔷薇科李亚科桃属扁桃亚属落叶乔木，英文名称为 Almond。我国扁桃的传统产地在新疆、青海、甘肃、四川、内蒙古等地，在当地又称巴旦姆、巴旦木或巴旦杏。近年来，世界扁桃总产量、贸易量大幅增长，扁桃成为世界著名的坚果和木本油料树种之一。

扁桃在我国虽有 1 300 多年的栽培历史，但除传统产地外，大多数地区发展较晚，常见的两种误解是把扁桃认作蟠桃或把扁桃仁当作杏仁。

扁桃是多年生落叶果树，小乔木或乔木，在新疆又被称为巴旦杏。扁桃是以生产果仁为主的干果，果仁个大质优、味甜、营养丰富、清香可口，既可生食，又可加工成各种食品。扁桃仁有一定的药用价值，果壳及果肉可以用于工业和农业生产。因此，扁桃是一个综合利用价值很高的树种，发展前景广阔。

扁桃果仁是营养价值很高的果品，其蛋白质含量为22.0%左右，高于核桃；脂肪含量为55.7%左右，高于杏仁；

钙含量在所有树种的果实中最高。另外，扁桃果仁中18种氨基酸的含量为24.1%左右，8种人体必需氨基酸约占氨基酸总量的28.3%，高于核桃和鸡蛋，且必需氨基酸中缬氨酸、苯丙氨酸、异亮氨酸和色氨酸的含量均高于牛肉。

扁桃果仁是一种高热量、高蛋白食品，对处于生长发育期的儿童和体质虚弱的人特别有益。果仁除直接食用外，还可以加工为椒盐果仁、风味果仁；或作为原料加工制成高级糕点、糖果等食品，其价格要高于普通糕点和糖果。

扁桃仁含油量高达50%～60%。扁桃仁油色泽淡黄、清亮，味芳香，油中不饱和脂肪酸含量约91.8%，且该油长期存放不易变质，易被人体消化吸收，是烹调油中的上等品种。扁桃仁中可溶性糖的含量较低，一般为3%～8%；非还原性糖有蔗糖和棉籽糖，分别占总糖量的90%和7%左右。另外，多糖占扁桃仁干物重的3%～6%，粗纤维占扁桃仁干物重的2.45%～3.48%，单宁物质占扁桃仁干物重的0.17%～0.60%。

扁桃仁可以制作各种食品和饮料，风味纯正，深受广大消费者喜爱。扁桃仁不仅可以制成风味扁桃仁、琥珀扁桃仁、扁桃仁油茶、扁桃仁酱、扁桃仁粉、扁桃乳饮料、扁桃仁霜，还可作为化妆品的添加剂等。扁桃的果皮含有丰富的钾盐，每1 000千克果皮可生产出70千克钾盐。钾盐可以用来制作肥料和肥皂。扁桃的果肉加上苜蓿草和大麦可作

为奶牛的精饲料。扁桃的果壳可制取上等的活性炭，在工业中被广泛用作缓冲物，如在石油钻探中把扁桃壳制成各种不同规格的颗粒，用作降低管道内部压力的缓冲物质。扁桃树胶可用于棉纺织品染色和制取胶水。扁桃木材坚实、纹理细致、磨光性好，可制作各种工艺品和细木家具。

扁桃的适应性强，根系发达，能固结土壤、保持水土。只要满足扁桃生长发育的要求，扁桃就可以开花结果。因此，扁桃可作为荒山绿化的经济树种。在荒山、丘陵山地，只要坡面整齐，可直接种植。如果坡度大、水土流失严重，则要先治理后栽树。在新疆，扁桃庭院栽植和农林间作相当普遍。

扁桃产业化应当以国内外市场为导向，以提高扁桃种植的经济效益为中心，让扁桃在当地农业生产中成为支柱产业和主导产品，突出专业化生产、一体化经营、社会化服务、企业化管理的特色，把产供销、贸工农、科技紧密结合起来，形成一条龙的经营机制。扁桃产业化的基本特征应包括市场化、集约化、社会化三个方面，其经营模式主要有龙头企业带动型、中介组织带动型、批发市场带动型、特色产业带动型和农业园区带动型等。

二 优良品种

扁桃栽培历史悠久，品种繁多，优良品种应具备高产、果实发育期短、果品质量好、抗病虫和晚霜等优点，作为商品还应具备外观美、单仁大、出仁率高（40%以上）、含油多等特点。

1. 国内品种

（1）双软：新疆早熟品种。该品种树势强，树姿开张，分枝角度大，树冠开心，七年生树高约4.4米，冠径约3.2米。叶浓绿，呈阔披针形。新梢斜生，丛生花芽占69%左右，以越年小短果枝结果为主。花期属中花期，4月初或上旬花芽萌动，中旬开花，花白色，开花数量中等，坐果率高。8月上中旬坚果成熟，11月上旬落叶，生育期200天左右。坚果较大，呈圆球形，先端短尖，为浅褐色，果面孔点较多，果面纤维有剥落，壳软。单果重1.7～1.8克，双仁率40%～60%，仁重0.8～0.9克，出仁率44.4%～55.7%，含油54.7%～55.4%。该品种风味美、抗寒，可建园集约经营或林农混作。

(2)纸皮:新疆早熟软壳型品种。该品种树势强,树姿直立,分枝角度小,树冠开心。七年生树高约7米,冠径约2.5米。叶浓绿,呈宽披针形。新梢斜生,丛状花芽占30%左右,以越年短果枝群结果为主。花期属中花期,4月初或上旬花芽萌动,中旬开花,花白色。8月初坚果成熟,10月底落叶,生育期190天左右。坚果较大,呈长椭圆形,先端渐尖,为浅褐色,果面为浅沟纹,果面纤维有剥落,壳软。单果重1.3～1.4克,仁重0.6～0.8克,出仁率48.7%～58%,含油54.7%～57.7%。该品种风味美,抗病,可集中建园或林农混作。

(3)双薄:新疆早熟品种。该品种树势强,分枝角度大,树冠丛状,七年生树高约4.2米,冠径约4.0米。叶淡绿,呈狭披针形。新梢斜生,以越年中果枝、短果枝结果。花期属中花期,4月初花芽萌动,中旬开花,花白色。8月上旬坚果成熟,11月上旬落叶,生育期200天左右。坚果较大,呈圆球形,先端短尖,为灰白色,果面孔点多,壳薄。单果重1.6～1.9克,双仁率60%～80%,仁重0.65～0.8克,出仁率40.5%～43.7%,含油56.8%～57.95%。该品种风味极美,抗寒。

(4)寒丰:新疆中熟品种。该品种树势强,树姿开张,分枝角度大,树冠开心,七年生树高约4米,冠径约2.9米。叶绿,呈披针形。新梢斜生,以越年短果枝群结果为主。花期属中花期，4 月初花芽萌动，中下旬开花，花白色。8 月下旬坚果成熟，11 月上旬落叶，生育期 200 天左右。坚果较大，呈近圆形，先端短尖，为浅褐色，果面孔点较多。单果重 1.7～2.0 克，仁重 0.7～0.8 克，出仁率 40.0％～41.1％，含油 58.4％～59.55％。该品种风味极美、抗寒、较抗病。

(5)多果：新疆中熟品种。该品种树势极强，树姿直立，分枝角度小，树冠开心，七年生树高约 7.2 米，冠径约 2.5 米。叶绿，呈披针形。新梢直立生，丛状花芽占 50％，以越年短果枝群结果为主。花期属中花期，4 月初花芽萌动，中旬开花，花淡粉色，开花数量少，坐果率高。坚果 8 月下旬成熟，11 月上旬落叶，生育期 200 天左右。坚果较大，呈长卵形，先端扁。该品种较抗病，适于集中建园或林农混作。

(6)晚丰：新疆晚熟品种。该品种树势强，树姿下垂，分枝角度大，树冠开心，七年生树高约 4.5 米，冠径约 5.5 米。叶绿，呈长椭圆形。新梢直立生，丛状花芽占 50％，以越年短果枝群结果为主。花期属中花期，3 月下旬花芽萌动，4 月上旬开花，花白色。坚果 9 月上旬成熟，次年元月落叶，生育期 230 天左右。坚果较大，呈卵圆形，先端扁，为褐色，果面孔点多。单果重 1.9～2.2 克，仁重 0.7～1.0 克，出仁率 42.1％～42.9％，含油 58.7％～59.7％。该品种风味极美、较抗寒，可集中建园或林农混作。

(7)尖嘴黄:该品种树姿稍开张,树皮浅褐色,以短果枝结果为主。8 月上旬果实成熟,自花不孕,需配置授粉树。坚果较大,长约 3.15 厘米,宽约 1.45 厘米,壳厚约 0.06 厘米,先端歪尖,呈半圆形,为浅色。核仁味略甜,出仁率约 50%。

(8)扁嘴褐:该品种为中果型,呈半月形。核重约 2.14 克,仁重约 1.05 克,出仁率约 50%,味香甜。该品种由新疆喀什林业局、新疆林业厅保存。

(9)晋薄 1 号:山西省农业科学院果树研究所最新选育的扁桃品种。该品种坚果壳薄、易取仁、出仁率高(约 71%)、成熟期早(7 月底到 8 月初)、商品性好、丰产性好,综合经济性状优良,适宜在山西省中南部地区海拔 1 300 米以下、年平均温度 9.1 ℃以上、极端最低温度 -20 ℃以上或类似气候区栽植。

(10)晋扁 1 号:该品种树姿较开张,树干深灰色,以短枝和花束状果枝结果为主。叶深绿色,呈长椭圆披针形。花淡粉色,花瓣 5 片。在晋中地区,3 月下旬萌芽,4 月上中旬开花,花期 7~10 天。4 月中旬展叶,8 月底果实外表皮自然开裂,露出坚果,11 月上旬落叶。坚果大,呈卵圆形,先端渐尖,有侧翼,核面浅黄褐色,平均坚果重 3.58 克,壳厚约 0.17 厘米。种仁饱满均匀、粒大、整齐度一致,出仁率约 41.7%,双仁率 3.2%~5.4%,平均单仁重 1.5 克。该品种有自花结果的习性。

(11)晋扁2号:该品种树姿较直立,树干深灰色,以短枝和花束状果枝结果为主。叶灰绿色,呈长椭圆披针形。花淡粉色,单生或双生,花瓣5片,单雌蕊,多雄蕊,花粉量大,活力强。在晋中地区,3月下旬萌芽,4月上中旬开花,花期7～10天。4月中旬展叶,果实9月下旬成熟,11月初落叶。坚果呈扁半月形,先端渐尖,核面浅褐色。平均坚果重4克,壳厚约0.22厘米,出仁率约40%,基本无双仁。种仁饱满、粒大,平均单仁重1.6克,味香甜。该品种有自花结果的习性。

(12)晋扁3号:该品种树姿较开张,树干深灰色,以短枝和花束状果枝结果为主。叶较小,为深绿色,呈细长椭圆披针形。花淡粉色,花瓣5片,单雌蕊、多雄蕊,花粉量较大,活力强。在晋中地区,3月下旬萌芽,4月上中旬开花,花期7～10天。果实9月初成熟,11月初落叶。坚果近扁圆形,核面浅褐色,有较深孔点,平均坚果重3.2克,壳厚约0.28厘米,出仁率约33.3%,基本无双仁。种仁饱满、近圆形、整齐度一致,平均单仁重1.07克,味香甜。

(13)晋扁4号:该品种树姿较直立,树干深灰色,以短枝和花束状果枝结果为主。叶片深绿色,呈长椭圆披针形。花淡粉白色,单生或双生,单雌蕊,多雄蕊。在晋中地区,3月下旬花芽萌动,4月上旬开花,4月中旬展叶,果实8月底

至9月初成熟，11月上旬落叶。坚果呈扁半月形，果翼较明显，核面浅褐色，表面有较深孔点。平均坚果重4.11克，壳厚约0.26厘米，出仁率约39.4%，基本无双仁。平均单仁重1.62克，味香甜。

2. 国外品种

(1)那普瑞尔：又名浓帕尔、农富乐，是美国的主要栽培品种。果个大而均匀，平均单果重1.2克，果仁长扁圆形，表面平滑，淡褐色，壳薄如纸，出仁率60%～70%，花期属中花期或偏早，坚果成熟早，在郑州地区8月中旬成熟。树形大，枝干直立，长势旺，易整形。结果早，丰产性较好，栽后2～3年进入结果期。该品种比较抗霜冻，但缺点是外壳封闭不严，易受虫及鸟类危害。

(2)加利福尼亚：树势强健，树姿半开张，生长量大。三年生树平均干周长约15.13厘米，树高约2.24米，萌芽率约50.0%，发枝率约52.26%。长果枝约占15.30%，中果枝约占26.53%，短果枝约占52.04%，徒长枝约占6.12%。花芽、叶芽比约为0.62∶1，单、复花芽比约为3∶1，花芽起始节位在第3～4节上，坐果率约30.30%，平均单株产果量1.25千克，最高产量2千克，折合产量1 050千克/公顷。果实中等大，呈扁椭圆形，平均单核鲜重4.05克、干重1.68克，仁重约1.21克，双仁率约5%，风味香甜可口，品质上等。该品种花粉少，自花结实率低，需配置授粉树。

(3)那普拉斯:树势中等,树姿半开张。三年生树平均干周长约16厘米,树高约1.80米,新梢长约67.10厘米,萌芽率约56.62%,发枝率约44.44%,长果枝约占24.24%,中果枝约占36.35%,短果枝约占33.39%。花、叶芽比约为0.77∶1,单、复花芽比约为1.23∶1,花芽起始节位在第4节上,坐果率约29.85%,平均单株产果量1.08千克,最高产量2千克,折合产量915千克/公顷。果实中等大,呈扁长椭圆形,平均单果重13克,平均单核鲜重4.88克、干重1.55克,仁重约1.29克,双仁率约15%,风味甜香可口,品质上等。该品种花粉少,自花结实率低,需配置授粉树。

(4)比提:树势强,树姿直立不开张。三年生树平均干周长约18.30厘米,树高约2.16米,新梢长约74.64厘米。萌芽率约66.66%,发枝率约33.33%,长果枝约占42.73%,中果枝约占27.35%,短果枝约占29.41%,并有花束状果枝。花芽、叶芽比约为1.87∶1,单、复花芽比约为0.95∶1,花芽起始节位在第4节上,坐果率约32.57%,平均单株产果量1.14千克,最高产量2千克,折合产量1 041千克/公顷。果实小,平均单果重9克,平均单核鲜重3.22克、干重1.44克,仁重约0.74克,双仁率约3%,风味甜香可口,品质上等。

(5)卡门:花期与那普瑞尔相同,但收获期比那普瑞尔

要晚 2 周。该品种产量高，结果早。果仁长，中等大小，重 1.2～1.3 克。核壳软，封闭严。

(6)扶兹：花期比那普瑞尔晚 1～2 天，收获期也很晚，比那普瑞尔晚 40 天以上。该品种用那普瑞尔授粉极丰产。果实呈卵形，中到小型，果仁重 1.0～1.3 克，壳软。树体直立，有时伸展。

(7)蒙特瑞：花期比那普瑞尔晚 2 天，收获期比那普瑞尔晚 1 个月。该品种果仁很大，并且是高比率的双仁，果仁重 1.5 克以上。核壳软，封闭严。树体小到中型，有时伸展，结果早。

(8)派锥：加州大学培育出的新品种，花期比那普瑞尔晚 5 天，收获期比那普瑞尔晚 1 个月。核壳硬。果仁中到小型，重约 1.2 克，与"米森"相似，结果早、产量高。树体中型，生长直立。

(9)披利斯：花期比那普瑞尔早 4 天，但收获期比那普瑞尔晚 3 周。该品种核壳很硬，质量好，主要利用部分为其果壳。果仁中型，重约 1.3 克。树体中到大型，半直立生长。由于该品种花期早，花易受霜害。

(10)普拉斯：花期与那普瑞尔相同，但收获期比那普瑞尔晚 6 天。果仁中大、丰满，重 1.2～1.4 克。核壳薄如"纸"。树体中型，生长旺盛且直立。该品种有大小年结果的现象。

(11)色莱诺:加州大学培育出的新品种,花期与那普瑞尔相同,但收获期比那普瑞尔晚5～7天。果仁小,核壳软,摇动时果实难落地。

(12)索诺拉:加州大学培育出的新品种,花期比那普瑞尔早3～5天,但收获期比那普瑞尔晚7天。果仁中到大型,核壳薄,封闭不严。树体中型,伸展。该品种产量高,有大小年结果现象。

(13)汤普森:花期比那普瑞尔晚5天,收获期比那普瑞尔晚2周。果仁小到中型,重约1.1克,核壳薄。树体中到大型,直立生长,产量高。摇动时果实不易脱落,采收困难。

(14)澳驰:花期与那普瑞尔相同,但收获期比那普瑞尔晚2周。果仁小到中型,重1.0～1.3克。核壳软,封闭好。树体大,半直立生长。

(15)利文顿:花期比那普瑞尔晚5天,收获期比那普瑞尔晚8天。果仁中型,核壳薄,封闭严。树体中到大型,直立生长。

(16)伍德:花期比那普瑞尔晚1～2天,收获期比那普瑞尔晚10天。果仁中型,长。核壳软,封闭严。树体中型,伸展。

三 规划与建园

扁桃作为多年生木本植物，生命周期长，一经定植，一般要生长十几年甚至几十年。因此，建园之初，首先要了解扁桃的生长习性及对周围环境（土壤条件、地形、地势、光照、温度、水分等）的适应情况，做到因地制宜、合理规划、科学建园，为以后科学管理、省力化栽培及高品质、高效益果品生产奠定基础。

（一）园地选择

优质扁桃生产与当地的气候条件和土壤条件关系密切，建园时要考虑扁桃树种的生态适应性和当地的气候、土壤、地形、地势等自然条件，选择适宜的建园地点。扁桃的适应性虽然很强，在丘陵、坡地、平原地均可栽植，但在建园时仍需注意以下几点：

（1）地区选择：建立果园首先要选择自然条件较好的地区，扁桃适宜定植在水分充足、水土流失较少、土层较深厚、有机质含量较高、通透性好的壤土或沙壤土上。在较好的立地条件下，扁桃根系入土较深，生长结果良好，产量较高。

要求年有效积温(10 ℃以上)在 3 500 ℃以上,年降雨量在 400 毫米以上,海拔 1 000 米以下,果园土层深度在 0.8 米以上,果园土壤 pH 为 7～8,耐盐极限浓度为 0.25%～0.3%,土壤有机质含量不少于 0.7%,地下水位在 1 米以下。此外,扁桃休眠期短,开花早,要避开易受霜害的低洼地及河沟等地形。扁桃树喜光,在坡地建园宜选择避风、向阳的南坡地等。

(2)配套设施的建立:选址时应该考虑利于灌水设备、喷药设备、运输工具等配套设施作业,这些配套设备有利于提高果品的产量和品质。同时,建立可循环的农业生态模式,如“种草—养畜—果园”相结合的生产模式,做到“果畜结合、以畜养园”;建立绿肥和饲料基地,开辟稳定的有机肥源,提高果园的生态效益和经济效益。有条件的果园应建立不同形式的贮藏库,以便做到果品分批上市,提高果品基地的经济效益。

(二)园地规划

园地确定后,应根据当地的立地条件和建园目标,遵循“合理利用土地资源、节约成本、便于管理”的原则,因地制宜,合理安排好园地的道路、排灌系统、防护林及其他辅助设施,做到最大限度地利用土地,以便提高扁桃的产量。园地规划的内容主要有以下几方面:

1. 栽植区划分

为了后期机械化统一管理,大面积扁桃园应划分为若

干大区和小区;小面积果园只划分小区;而对于丘陵山地,主要应依据地形、地势的变化,把整个园地划分成若干个单位。具体划分时必须结合园区道路、排灌系统、防护林等果园基础建设统一规划。同一小区内土壤类型、坡向、气候条件应大致相近,面积大小及形状均应与立地条件相适应,而不能人为分割。山地地形复杂时,一个坡面可以作为一个小区。在一个园区内,扁桃栽植面积应占全园总面积的80%~85%,防护林约占5%,道路用地约占5%,房屋、农具棚、水池、粪池等用地占3%~5%,绿肥用地约占3%,养殖场、贮藏及加工用地约占3%。坡面大时,可按水平位置上、中、下排列小区。山地小区以20~30亩为宜;平原小区面积可相对大些,以50~100亩为宜。

2. 道路系统规划

正确的道路系统规划,可以方便管理,减轻劳动强度,提高工作效率。扁桃园的道路系统由主道、支道和作业道组成。干路要求位置适中,能贯穿全园并与公路相接,便于运输各种生产资料和产品。山地与丘陵区的主干路要求绕山而建,宽度为3~5米。支路设在小区之间,宽度为2~3米,应能通过小型汽车及农机具等。小路设在小区内或小区间,宽度为1~2米,主要用于农事操作。

设计山区道路时,可顺坡倾斜而上,也可环山而上呈之字形拐弯,但上升坡度不能超过7°,转弯半径不能小于10

米。顺坡的路应设在分水线上而不能在集水线上，以免被水冲毁。一般情况下，路的内侧要修排水沟。

3. 排灌系统规划

排灌系统一般设在道路两侧，与道路系统、防护林体系等规划结合，原则是既能得到最大利用率，又节约利用土地。

灌溉的方式主要有漫灌、沟灌、喷灌、滴灌等，可以根据当地的自然条件选择合适的灌溉方式，降低生产成本。无论采用哪种灌溉方式，都要求定植时严格按照标准进行，如滴灌系统一般是根据株距的大小设计，要求定植时株距要准确，否则达不到灌溉的目的。

北方地区干旱少雨，降雨多集中于夏季 7～8 月份，果园的排灌系统在规划时应“以蓄为主，蓄灌结合，排水为辅”。丘陵山地果园，应首先考虑蓄水、输水及灌溉网的设计，在有水源可利用的地方，应选址修筑小型水库或蓄水池，以便灌溉。坡地果园的灌水系统应与等高线一致，采用半填、半挖式，可以排灌兼用，也可以单独设计排水系统，一般在果园上部设宽 0.6～1.0 米、深适度的拦水沟，直通自然沟，拦截山上下泄的洪水。

果园排水在生产上多是以沟排水。丘陵山区的梯田，排水沟应修在梯田的内沿，所有集水沟应与总排水沟相连，天然的沟谷可以作为总排水沟。提倡排水沟与水库、

旱井配套，每块地有旱井，每条沟有小水库，同时配置微灌系统。

4. 防护林规划

在果园周围营造防护林，可以降低风速、减小风害、调节小区的温度和湿度、减轻和避免花期冻害、提高坐果率，还可以改善园内小气候，兼有防沙、防霜和防冰雹的作用。改变园内小气候，创造良好的生态环境，有利于扁桃生长发育。在山地果园和坡地果园设置防风林，还具有保持水土、减少地表径流、防止土壤冲刷等作用。

根据防风特性，通常把防护林带分为紧密型和透风型两种结构。紧密型是由枝叶紧密的大、中、小型树冠高度不同的乔、灌木树种组成的多行林带，上下密不透风，防风范围小，防护效应好；透风型由松散的乔、灌木组成，林带具透风的网眼结构，大风通过时如同在筛孔中筛过一样，减缓了风速，以起到防护作用，该类型林带的防风效应较紧密型林带差。

防护林通常设置主林带和副林带，主林带 4～8 行树，副林带 2～3 行树，林带中间为乔木，两边为灌木，也有乔、灌混植的。防护林的树种应适应性强、生长快，树冠直立且有一定的经济价值，还有重要的一点是不能与扁桃有共同的病虫害。北方地区常用作防护林的树种有杨树、榆树、旱柳、臭椿、白蜡、侧柏、黑松、山定子、山楂、杜梨、皂角、核桃楸、核桃、枫树等，灌木类有柽柳、花椒、荆条、紫穗槐等。

配置防护林带时应注意：①主林带须与当地主风向垂直，采用半透风林带。②副林带须与主林带垂直，辅助主林带阻拦其他方向的大风。③两个主林带间的距离应为200～400米，副林带可加大至500～800米，不同地区林带的距离、宽度和高度应视当地的最大风速而定。④林带经过当地最高点时，可沿分水岭建立；经过山谷沟口时，要在近谷口处留下缺口，以免横穿山谷把冷空气截留在谷内，减轻冻害。

（三）建园

1. 扁桃园构建

扁桃抗旱、耐瘠薄，适宜在丘陵山区、河滩沙地或平原栽植。另外，扁桃喜光、喜温，在山区建园时，应选择阳坡或半阳坡的地方栽植。在土层很薄的丘陵山地或沙滩地建园，应采用客土、增施有机肥等方法改良土壤。如无灌溉条件，应打井或修渠引水，以保证能及时灌水，提高栽植成活率。结合水土保持工程，栽植前要先整好地。整地要求整好产流面，并做到光洁、坚实、透水性差。集流坑（定植坑）要求1米见方，并将产流面的热土、杂草全部填入坑内，以增加坑内的有机质。汇集径流整地最好在前一年夏、秋季

或次年春季进行，因为经过一个雨季，集流坑充分截流、拦蓄雨水后栽植效果最佳。甘肃兰州采用地面铺砂栽培扁桃，能够提高土壤温度、防止水分蒸发、增加反射光，利于扁桃生长。

平地.整地应挖回字坑，即在已定定植密度下，在单株营养面的中间低处挖大坑，四周规则地整成中间低、四面高的产流面，坡面长 1.0～1.5 米。栽植坑要用熟土回填，最好春、夏整地，秋季定植。每个栽植坑所占的区域都是中间低、四周高，一有雨水即流到树根处。整地时将有机肥一并施入坑内效果更好，有条件者可每坑施用一筐有机肥，另加 0.5 千克磷肥、0.2 千克氮肥。

2. 品种选择

扁桃品种选择是建园及发展的关键，品种选择得当，可以达到丰产、优质、高效益的目的；反之，会因品种不适应或不对路造成产量、品质严重下降，从而造成巨大的经济损失。

优良品种具有生长健壮、抗逆性强、丰产、优质等综合性状。优质品种并不是栽到哪里都可以产出优质的果品，所以选择的品种必须适应当地气候和土壤条件，必须是在当地表现出优良性状的品种。此外，所选品种必须在市场销售中具有竞争力，并能在较长的时间内占领一定的市场。

一个扁桃园，在能够满足主栽品种授粉的前提下，品种不宜过多，一般2～3个主栽品种。同样，在同一个地区发展的品种也不能太多，否则不利于商品化生产，一般为2～3个主栽品种，其他为搭配品种。一般2～3个主栽品种混栽，互为授粉品种。每个新建果园一般应栽2～5个品种，以保证有效授粉。

3. 授粉树配置

扁桃属异花授粉树种，大部分品种自花不实或自花结实率很低，少量自交亲和的品种坐果率仅为1.7%～18.5%，远远达不到生产要求，而异品种授粉坐果率高，混合授粉可以提高坐果率。建园时必须特别选择、配置好授粉品种。扁桃开花较早，气候条件常不利于授粉，定植建园时必须严格选择和配置授粉树。配置授粉树需要一定的条件，如授粉品种与主栽品种的花期一致或相近，花粉量要大、发芽率要高，与主栽品种能相互授粉，且具有较强的亲和力；授粉品种与主栽品种的始果年龄和寿命要相近；授粉品种丰产，并具有较高的经济价值；授粉品种能适应当地环境，容易管理等。为了打造现代化的坚果生产基地，也为了便于管理，同一小区内品种不宜太多，扁桃园的品种一般3～5个较好，即1～2个主栽品种和2～3个授粉品种，可以每隔2～3行主栽品种配置1～2行授粉品种。栽植过密会导致扁桃生长不良，结果少。

原则上，主栽品种与授粉品种的比例为(3～4)∶1。主栽品种同授粉品种的最大距离应小于100米，平地栽植时，每4～5行主栽品种配置1～2行授粉品种，山地、梯田可根据上述原则灵活掌握。此外，要保证授粉品种的盛花期同主栽品种的盛花期相一致，同时授粉品种的坚果品质也要优良。

授粉树的配置方式有中心式、少量式、等量式、复合式等，中心式常用于授粉树少、正方形栽植的小型果园，1株授粉树周围一般布置3～8株主栽品种，授粉树占果园总株数的12%～33%；少量式可用于较大的果园，这种方式授粉树配置较少，授粉树沿着果园小区长边方向成行栽植，每隔3～4行主栽品种配置1～2行授粉树，授粉树占果园总株数的12%～30%；等量式，授粉树与主栽品种隔2～4行相间排列栽植，授粉树占果园总株树的50%；复合式，两个品种互相授粉不亲和或花期不完全相同时，配置第3个品种进行授粉。

4. 栽植技术

(1)栽植时期：扁桃树栽植可分为春栽和秋栽。在我国华北丘陵山区，春旱严重，扁桃根系生长缓慢，提倡秋季栽植，即落叶后至土壤上冻前。秋栽的好处是秋季落叶后地温下降不是很多，土壤湿度较大，封土以后有利于根系伤口当年愈合，通过冬天养根，翌年春季可及早开始生长，缓苗期短、成活率高、发芽早。但存在幼树越冬防寒问题，一般的做法是冬季埋土越冬。

在冬季气温低、风大、冻土层较深的地区，可以进行春栽，即在土壤解冻后及早进行栽植，要注意栽时灌水、保墒，防止苗木失水。

(2)栽植密度：扁桃栽植的密度不是一成不变的，应结合当地的土壤状况、立地条件及栽培方式确定，必要时可进行间伐。地势平坦、土层深厚及肥力高的地区，株行距应大些，肥力低的山地株行距应小些。一般扁桃园可采用3米×4米的株行距，每亩栽50余株；土层薄的山地可采用2米×4米的株行距，每亩栽70～80株。对植于地埂、实行林粮间作的扁桃，株行距可加大至4米×(6～10)米。在干旱地区适当栽密些，在肥沃的灌溉区可栽稀一点。另外，为了提高扁桃园的早期效益，在生产实践中还可以采用密植的形式，适当密植，可采用(2～5)米×(3～6)米的株行距，当进入结果盛期，树冠长大、光照不良时可有计划地间伐。

平地长方形或正方形栽植，以南北行向为宜，坡地沿等高线栽植。梯田地应根据梯田宽窄情况确定栽植行数，梯田较窄的栽植一行，栽植位置位于梯田外沿的1/3处；梯田较宽的可采用三角形栽植，有利于充分利用光能。

(3)栽植方法:栽植要保证成活率,建园时栽好树不仅能提高成活率,还有利于扁桃早期生长发育。选好园址后,定植主要包括以下几个过程:

①确定定植点。栽植前,要根据选定的栽植密度,先用测绳拉线,再用石灰标好株行距和定植点,然后以点为中心做垄或挖坑,使之整齐划一,以利于管理和通风透光。

②挖坑。穴一般要求长、宽各1米,深0.8米。山地扁桃园的定植穴为直径0.8～1.0米的圆穴,穴深0.8米。挖穴时将表土与下层土分开堆放,水利条件较好的地区可提前挖好穴,使下层土壤充分熟化;干旱少雨区或其他无灌溉条件地区在定植时要随挖随栽,尽量保墒。挖穴时遇石砾层或黏重土层,应加大开挖量,可采取客土的办法来改良土壤。

③施肥。挖好定植穴后,每穴施腐熟优质有机肥30～50千克,与表土拌匀后填入定植穴中,一边填一边踩,使其形成一个小土丘。有条件时还可每穴加500～1 000克磷肥(过磷酸钙)混匀。

④定植。栽植前,对苗木根系进行修整,剪除死根、伤根,在清水中浸泡1天,栽前根系要蘸泥浆(拉泥条),使根际吸附较多的水分而不至于失水。栽种时将苗放在坑中央,根系向四周分布,然后边填土踩实边轻提苗,使根系与土壤充分密接。填土时要分层踩实,要求浇水踏实后苗木

的栽植深度正好为苗木在苗圃的生长深度或稍高于地面，一般起苗时的土印可作为栽植深度的标志，栽植过深或过浅都不利于扁桃成活和生长。栽后应及时灌水，干旱地区要注意保墒，可采取在树盘上覆盖塑膜等措施。一般以定植点为中心覆盖1.0～1.5平方米的地膜，地膜要用土压实，以防被大风吹起。

(4)栽后管理：

①检查成活率与补栽。正常情况下，栽后1个月幼树即可萌动，地上部分开始发芽，地下根系也开始生长。但由于各种原因，有少量植株不萌芽，茎干失水严重，最后死亡，要及时补栽。另一些树虽不萌芽，但干茎仍新鲜有水分，这样的植株并没有死亡，过段时间还会萌动。

在春季风大的地区，栽树后为防止茎干严重失水，可采取各种保护措施，往树干上喷涂石蜡乳化液效果最好，喷涂107胶(聚乙烯醇)效果也不错，其他措施如喷涂水胶黏土防冻液、在茎干上套塑料袋等都有一定效果。若是秋栽，在封冻前应将苗木埋土越冬，覆土厚应为20厘米左右。春季气温回升至15℃左右时及时出土，并注意苗木浇水、保水，以提高定植成活率。

②定干。苗木定植后应及时定干，干高80厘米左右，剪口下留饱满芽，剪口芽上方留1厘米，最上一个芽留在背风面，以免随后抽生新枝被风吹断。剪后用接蜡或油漆封

闭伤口，以防苗木失水抽干。定干可促使整形带内的芽及早萌发，快速成形。用芽苗建园时，发芽前要剪砧，解除包扎物，发芽后要及时抹去砧木上的萌芽。在春季风大的地区，剪口处最好涂抹油漆或伤口保护剂，以防因失水而影响剪口芽萌发。

③后期管理。定植当年幼树越冬防寒是栽后管理的一个重要内容。幼树根系浅，树体抗寒性弱，为免遭冻害及冷风吹干苗干，可将苗干缓缓扳倒埋入土中，覆土厚 10～15 厘米即可。较粗的苗干不易弯倒时，可在树干基部堆土，同时在上部扎草，以防寒越冬。

春季发芽前，有灌溉条件的地区，应在春栽后半个月内再灌一次水，以利于苗木成活、生长。

苗木新梢生长至 15 厘米左右时，可进行叶面追肥，一般喷尿素溶液较好，使用浓度为 0.3%左右，切记浓度不能过高，以防幼嫩叶片被烧伤，每 10～15 天喷一次。8 月份可以喷磷酸二氢钾溶液，浓度为 2%～3%，以促进枝条老化，防止冬季抽条的发生。

预留主枝生长到 40 厘米时，可以及时摘心，以促进枝条分枝，加快树冠的形成。枝条摘心后容易萌发许多新梢，将来不需要的枝条应尽早去除，以免影响树体结构。

④加强树体保护。在北方地区野兔常啃食枝干，造成树体抽干死亡。可采用人工捕杀的办法，或收集家兔粪

尿,加水调成糊状刷于枝干上,对野兔有拒避作用,也可在树干上涂獾油以防啃食。此外,用废旧地膜包缠树干也可防啃。

在鼠害严重的地区,可以采用以下两种方法减少鼠害。一是投放磷化锌毒饵,取磷化锌 1 份、白面 10 份,加水适量配成糊状,与胡萝卜、甘薯、白菜叶等混合,置于有鼠出入的洞口,每洞投 30～50 克;二是投放大葱毒饵,老鼠喜食大葱,剥取大葱的葱白,在敌敌畏等药液中浸泡 2～5 分钟,随后放入鼠洞中,每洞投 50～100 克。

另外,幼树萌芽展叶后常易遭受蚜虫、红蜘蛛、金龟子和潜叶蛾等的危害,应及时采取相应措施予以防治。

四 整形修剪

(一)整形修剪的原则及主要修剪方法

1. 整形修剪的意义及依据

果树发展的不同时期，由于密度、品种、栽培技术不同，都会有一定的标准树形。在具体修剪中，必须依据树体长相，随树就势、诱导成形。通过主、侧枝合理安排，均衡树势，使生长与结果长期处于平衡状态，力争做到因树修剪、随枝做形、有形不死、无形不乱、平衡树势、主从分明、轻剪为主、轻重结合、因地制宜、注重效益。

(1)目的：整形修剪就是依据扁桃树自身的生长特性，结合自然条件和管理技术，把树体修整成一定的形状，培养牢固的骨架结构，同时通过剪截和疏除等措施调节树势，改善树体的通风透光条件，促进开花结果，达到幼树早果、丰产和大树延长盛果年限的目的。

①形成丰产的树体结构。通过整形，建造合理的树体结构，使各类枝条配置科学、结构合理、丰满紧凑，提高树体的负载结实能力。

②改善树体的通风透光条件。修剪可以疏除过密枝条，调整枝条的着生角度和方向，使枝条有计划地合理配置、主从分明、通风透光，有利于树体生长发育和减少病虫危害。

③调节生长势，经济利用养分。通过整形修剪，可以调节树体养分的运转，做到对养分经济利用，使弱树强壮、旺树转缓、老树复壮，以促进花芽的形成和坐果，延长结果年限。

(2)依据：

①依据品种特性。品种不同，扁桃树的生长与结果习性不同，萌芽力、成枝力、枝条角度等差异较大，因此修剪后扁桃树的反应不同，修剪技术措施也就不同。

②依树龄、长势修剪。树龄不同，长势、生长与结果的矛盾就不同，对修剪的敏感程度也不同。幼树和初果期树，修剪程度要轻，要着重整形，加速扩大树冠，促进提早结果。大量结果后，修剪任务是维持树势，延长盛果期年限，此时修剪程度应适当加重，并精细修剪。在树的衰老期要注意更新复壮，延长结果年限。

③依枝条类型修剪。修剪同一品种时，由于枝条类型不同、着生部位不同、生长势不同以及短截修剪程度不同，修剪后的反应各不相同，修剪时必须依其反应规律，采取相应的修剪措施。

④依栽植方式和栽植密度修剪。栽植方式和密度不同，整形修剪措施不同。密植园宜采用两主枝开心形，低定

干、冠径稍小、留枝多、早控冠、防郁闭，修剪以疏剪为主，配合短截。稀植园树形可采用自然开心形或疏散分层形，修剪方法多用短截，配合疏剪。

⑤依立地条件和管理水平修剪。在不同的立地条件、环境条件和管理水平下，枝芽的生长发育差异很大，应依具体情况采取相应的修剪措施。

总之，整形修剪是为了调节营养生长和生殖生长、地下部和地上部的关系，应本着“因地制宜、因树修剪”的原则，灵活运用修剪技术，并不断观察、总结和调整，使修剪技术更适合当时当地的具体情况，从而提高扁桃的品质和产量。

2. 主要修剪方法

(1)短截：剪去一年生枝条的一部分叫短截，作用是促进新梢生长，增加分枝。通过短截，形成了剪口芽的顶端优势，剪口部位新梢生长旺盛，能促进分枝，提高成枝力。

短截时可利用剪口芽的异质性调节新梢的生长势，生产上应根据枝势、品种及芽的质量综合考虑。在生长健壮的树上对一年生枝短截，从局部看是促进新梢生长，但从全树总体上看却是削弱了树势。

枝条生长势、枝龄及短截的部位不同，修剪后的反应也各异。当年生强壮的枝条，短截后可在剪口下萌发1～5个较长枝条，而中庸枝及弱枝短截后仅萌发细小的弱枝，且组织不充实，越冬时易因抽条而枯死。徒长枝是盛果后期至衰老期树上常见的枝类，角度直立，生长量大，放任不管会严重扰乱树形。对枝条较稀少的更新复壮树，利用徒长枝进行适当短截可促发分枝，改造成良好的结果枝组。

(2)回缩：对二年生以上的枝条进行剪截叫回缩。回缩对局部枝条生长有促进作用，常用于衰弱枝组及骨干枝更新复壮。回缩造成伤口过大时，会削弱伤口下枝条的生长势。旺树回缩过重易促发旺枝，生产中应掌握好回缩的部位和轻重程度。

回缩是衰弱枝组复壮和衰老植株更新必用的修剪技术。回缩时把衰弱部位剪去，刺激植株萌发强旺枝条，重新生成健壮枝组或健壮树冠。

扁桃树体较高大，无论外围还是内膛都有许多下部光秃的光腿枝。由这些枝组成的结果枝组挂果少或不挂果，从年界轮痕以上进行回缩修剪效果较好。细长弱枝组一般选发育较充实的分枝作为剪口枝，剪截前部细弱枝，集中养分供应后部枝条，刺激萌发健壮枝，再培养几年，使之发育为健壮的结果枝。

盛果后期扁桃树的生长势开始衰退，每年抽生的新梢短小细弱，常形成三叉状细弱小结果枝组。这种结果枝组若不及时回缩，会很快干枯死亡。对此，及时进行回缩复壮，并疏除部分剩下的短枝，可保持营养生长与结果的平衡，连年保持强健的结实力。

(3)疏枝:疏枝是把枝条从基部剪除,也叫疏剪。疏剪除去了部分枝条,改善了光照,相对增加了营养分配,有利于枝条生长及组织成熟。

疏剪对伤口以上的枝条生长有削弱作用,对伤口以下的枝条有促进作用。这是因为伤口干裂之后,阻碍了营养向上运输。疏除的对象是干枯枝、病虫枝、交叉枝、重叠枝及过密枝等。

(4)长放:长放即对枝条不进行任何剪截,也叫缓放。通过缓放,枝条生长势缓和,停止生长早,有利于营养积累和花芽分化,同时可促发短枝。

长势较壮的水平枝缓放后,当年可在枝条顶部萌生数个长势中庸的枝。长势较弱的枝条缓放后,次年延长生长后可形成花芽。在结果枝组的培养中,对长势较强的发育枝和长势中庸的徒长枝,第 1 年进行缓放,任其自然生长,第 2 年根据需要在适当的分枝处进行回缩短截,可培养成良好的结果枝组。

(5)开张角度:通过撑、拉、坠等方法加大枝条角度,缓和生长势,这是幼树整形期间调节各主枝生长势和改善光照条件、促进花芽分化常用的方法。

(6)摘心和除萌:摘除当年生新梢顶端部分,可促进发生副梢、增加分枝。对幼树主、侧枝延长枝摘心,可促生分枝,加速整形进程。对内膛直立枝摘心,可促生平斜枝,缓和生长势，早结果。摘心和除萌常用于幼树整形修剪。

幼树整形阶段，许多扁桃新梢顶芽肥大，优势很强，萌生侧枝及短枝力弱。可在夏季新梢长 60～80 厘米时摘心，促发 2～3 个侧枝，这样可加强幼树整形效果，提早成形。对多年生单轴延伸的枝条，特别是直径为 1 厘米左右的光腿枝，可在年界轮痕以上刻伤，深达木质部，以促使隐芽萌发新枝，促进枝组丰满。

冬季修剪后，特别是疏除大枝后，常会刺激伤口下的潜伏芽萌发，形成许多旺条，故在生长季前期及时除去过多萌芽，有利于树体整形和节约养分，促进枝条健壮生长。在幼树整形过程中，常发生无用枝萌发，应在初萌发时用手抹除，这样不易再萌发，如果长大了用剪刀疏除，还会再萌发。

(二)常见树形及整形

合理的树形是树体的骨架，是负载产量的基础，是丰产、优质、高效的基本条件。整形的目的在于形成坚实的树体骨架，保证叶幕能最大限度地截获光能和负载较高的产量。合理的树形应符合早果、优质、丰产、易管理、高效益的要求，具体树形应根据立地条件、管理水平、品种特性及栽培方式等方面而定。

整形修剪是果树管理中技术性强、操作复杂、需连续多年进行而又灵活多变的技术。随着当前果树生产出现的树体由高变矮、密度由低增高、树形由繁到简的变化趋势，果树的树形

结构发生了较大变化，个体较小、结构简单的树形代替了以前大冠稀植条件下的各种树形。目的是充分合理地利用空间，最大限度地截获光能，获得最佳的群体效益，培养合理健壮的结构，保持恒稳树势，使之能承载较大的产量。

扁桃树干性强且喜光、不耐阴，必须选择合理的树体结构。通过整形修剪，可使扁桃树体生长旺盛、健壮，结果枝在树体中分布均匀，从而达到稳产、高产的目的。扁桃栽植当年即开始整形，利用芽的早熟性和多次分枝的特点，通过不同时期修剪，选出主枝，培养侧枝，培养形成稳定的骨架结构，为果实丰产奠定好基础。低干矮冠、骨架牢固、树冠开张、通风透光的树形易丰产。

1. 自然开心形

(1)树形特点：该树形树干较矮，无中心干，主枝较少，主要特点是透光良好，干高30～40厘米，在主干以上选留3～4个主枝，基角45°～70°，主枝上留2～4个侧枝，在主枝、侧枝上配备枝组。

自然开心形树体较大、结构简单、整形容易、主从分明、结果枝分布均匀、树冠内膛光照好、枝组寿命长、通风透光好、结果品质高、成形快、进入结果早，适宜土壤瘠薄、肥水较差的山地采用，缺点是主枝易下垂、不便树下管理、寿命较短。

根据主枝的多少，开心形可以分为两大主枝开心形、三大主枝开心形及多主枝开心形，其中三大主枝开心形较为常见。根据开张角度的大小,开心形又可分为多干形、挺身形、开心形。在放任生长的扁桃树中常见到这类树形。

(2)整形过程:定干高度为70~100厘米。主、侧枝选留主枝数多为2~4个,在定干高度以上按不同方位选留2~4个枝条。由于无中央干,最上部1个枝条往往直立生长,应及时牵引开张角度,以平衡各主枝间的生长势。各主枝基部垂直距离一般为20~40厘米,长势应一致。各主枝开张角度应为40°~60°,每个主枝上选留3~4个侧枝,侧枝间上下左右要错开,保证分布均匀。第一侧枝距主干基部的距离约为0.6米。在较大的开心形树体中,还可在选定的一级侧枝上选留二级侧枝,第一主枝一级侧枝上的二级侧枝数可为1~2个,在其上再培养结果枝组,可以增加结果部位,使树形丰满。

2. 疏散分层形

(1)树形特点:该树形干高60~80厘米,有明显的主干。全树有6~8个主枝,第一层主枝3~4个,主枝间距20厘米;第二层主枝与第一层之间的层间距为80~100厘米,第二层有主枝1~2个,与第一层的主枝不能相互重叠;第三层主枝与第二层的间距为60~70厘米,要留一个主枝使之成为斜生状态。

(2)整形过程:定干高度为60~80厘米。定干后第1年冬剪,培养3个主枝,对培养的主枝在50~60厘米的饱满芽处短截,剪口芽留在外侧;第2年冬剪,中央领导干留80~100厘米,也在饱满芽处短截,培养1~2个主枝,在各

级主枝延长枝40～50厘米处短截;第3年冬剪,在中央领导干60～70厘米处短截,培养1个主枝,其他空间注意培养结果枝组。

3. 延迟开心形

(1)树形特点:延迟开心形是一种改良树形,主枝有明显的层次,主干高度为70～80厘米,主枝5～6个,均匀分布在主干上,最上部一个主枝呈水平状或斜生状,树形成型后将最上部一个主枝去掉,呈开心状。

(2)整形过程:定干高度60～80厘米。在整形带内选留3个主枝,平面夹角为120°,各主枝间距为20～30厘米,第二层主枝与第一层主枝间距为20～30厘米。选留2～3个主枝,每个主枝上着生2～3个侧枝,其上再培养结果枝组。在整形过程中应及时牵引主枝开张角度,以平衡各主枝间的生长势。各主枝和侧枝要上下左右错开,保证分布均匀。树体高度控制在2.5米左右,树体达到要求时疏除中央领导干,使树形呈延迟开心形。

4. 自由纺锤形

(1)树形特点:该树形干高50～60厘米,树高2.5～3.0米,中央领导干较直立,在中心干上呈螺旋状排列着生10～15个主枝,向四周伸展,无明显层次。主枝和主干保持70°～80°夹角,呈水平状向外延伸,基部主枝长1.5～2.0米,上层主枝长度依次递减,主枝间距20厘米左右,在同一方向上下主枝间距不得低于50厘米。主枝上不留侧枝，主枝上配备中小型结果枝组。树形圆满紧凑，通风透光良好。

(2)整形过程：定干高度60～80厘米。定干后把距地面40厘米以下的萌芽全部抹去，当年抽生3～5个枝条，夏秋季节将枝条拉成70°～80°的夹角。第1年冬剪，在中央领导干处选择生长直立、生长旺盛的新梢作为中央领导干的延长枝，在饱满芽处短截，剪留长度60厘米左右，在延长枝以下再选3～4个侧枝留作主枝，在饱满芽处短截，剪口下第1个芽要留外芽，使主枝向外继续延伸；第2年冬剪，中央领导干的延长枝留60厘米左右继续短截，留2～3个作为主枝，其他枝视空间的大小而定，有空间的可以作为辅养枝留下，培养成结果枝组；第3年冬剪，方法基本同第2年冬剪，再选留主枝2～3个，主要任务是缓放，促进枝条转化，增加中、短枝的比例，夏剪促花，以便进入幼树丰产期。历时3～4年完成整形任务，使主枝达到10～15个，树高达到2.5～3.0米。

5. Y字形

(1)树形特点：该树形定干高度50～60厘米，主干高40～50厘米，在主干上培养2个主枝，主枝向行间延伸，每个主枝上培养2～3个侧枝，交错配置，侧枝上着生大、中、小枝组。该树形的结构特点是低干矮冠、骨架牢固、树冠开张、通风透光良好，适合密植栽培，行株距4米×2米。

(2)整形过程:定干高度50～60厘米。在主干上选留2个主枝对生,主枝向行间延伸,其余萌芽和枝条全部抹除,促进选留的枝条生长。次年冬天主枝剪留60～70厘米,各枝条剪口芽的选留要相互照应,基本趋向外侧,不能留同一侧。主枝的延长枝剪留30～40厘米,第一侧枝剪留40～50厘米,并在其上培养2～3个小侧枝,交错配置。

(三)整形修剪技术

扁桃生长快,一年生苗定植后最初3～4年生长极旺盛,当年能发出二次枝和三次枝,这对迅速扩大树冠、早日结果极为有利。隐芽寿命长、更新复壮能力强、根系发达、结果早,嫁接苗2～4年开花结果。扁桃的顶芽为叶芽,花芽腋生,部分品种在树势旺盛的情况下,近似于桃的生长结果习性,多在中、长果枝上结果;有些品种在树势衰弱的情况下,结果习性与甜樱桃类似,多在短果枝上结果,修剪以疏剪为主,适当进行短截,保留较多的中、短果枝,不能像桃树一样过重短截。幼树、初结果树的树势旺盛,发展空间大,应轻剪多留花芽,用多结果控制生长,采用先短截、后疏剪的办法培养结果枝组;盛果期树短果枝多、产量高,可回缩到2～3年生枝处,用轮换更新的办法延长结果年限;而对衰老树应采用重回缩法迫使隐芽抽生新枝,利用徒长枝更新树冠,利用结果枝夏剪培养结果枝组。

1. 不同类型枝条的修剪

(1)发育枝修剪:扁桃一年生发育枝轻剪长放可增加枝

条枝叶量，增加粗度，增强生长势，但缓放易造成枝条下部光秃，结果部位外移。所以，对旺长的发育枝，应采用拉、拿技术开张角度，缓和枝条生长势，促使中、下部发短枝结果，防止结果部位外移。

树冠内的徒长枝在幼树上扰乱树形，应进行严格控制，有空间的可进行拉枝缓放，或重短截促其分枝，培养枝组，位置不佳或无空间的则彻底疏除。

(2)结果枝修剪：着生在树冠中的长果枝应当选留，枝条过密时可疏除部分直立枝，留下平斜枝。疏除的枝条可留基部2～3个芽进行重短截，使其萌发小短枝，形成多花短果枝和花束状果枝，成为预备枝。长果枝短截留7～10个花芽，但剪口芽必须选留叶芽。

中、短果枝一般不宜疏除，特别是中果枝应选留，短截时应留3～5个花芽，且要注意剪口留叶芽。过于密集的短果枝可进行疏除，注意保留1～2个基部芽，作为预备枝。

花束状果枝只能疏密，不能进行短截。

(3)结果枝组的培养：结果枝组是由多年生枝、结果枝和新梢组成的基本生产单位，扁桃产量及品质均决定于结果枝组。对结果枝组培养的首要任务就是通过修剪使之维持健壮的生理状态。

配置结果枝组，要充分利用空间，保证通风透光良好，生长结果正常，大、中、小型枝组有机结合。就一株树而言，

下层枝组应多于上层枝组，内膛枝组应多于外围枝组。

扁桃结果枝组修剪，要同时注意当年结果和翌年结果，使强枝多坐果，弱枝适当更新、及时复壮；重点是枝组下部多留预备枝，降低结果部位，增强树势，保证坐果质量。枝组中的延长枝要选留顶端的斜生枝，不改变枝条的延伸方向，使枝组曲折延伸，防止形成上强下弱的态势。

结果枝组更新复壮修剪，核心是调整枝组内营养生长和生殖生长的矛盾，调节营养枝与结果枝的比例，使枝条发育、花芽分化、开花坐果处于动态的良性循环中。修剪时要时刻考虑预备枝的位置，弱枝及时回缩，旺枝适当缓放，维持结果枝组健壮生长的状态。

2. 不同时期的修剪特点

对不同时期的树进行修剪有不同的目的，所以方法上也有所不同。

（1）幼树期的修剪：扁桃幼树期生长旺盛，新梢较长，一般长达 1 米以上，芽具早熟性，可分生二次枝，二次枝上也可形成花芽。幼树期应以整形为主，培养树体骨架，为早果、丰产奠定基础。幼树时期修剪的主要任务是使树形快速成型，培养合理的树体，以尽早结果。幼树在休眠期时短截修剪，促发旺枝以培养成各级骨架，疏除过密枝，保留甩放的辅养枝，使其转化成结果枝组；初果期树要轻剪，多留花芽，用先短截后疏剪的办法培养结果枝组。夏季修剪主要通过摘心促发新梢，加快骨干枝和枝组的形成，同时利用拿枝和拉枝促进花芽形成。

①定干。定干在定植之后应立即进行，定干的高度是60～80厘米。选留的剪口下整形带内的芽要饱满，以便形成基部的3个主枝。在苗圃中生长旺盛的苗木很多有小分枝，定干时如果有分枝位于适合的位置，可留1～2个芽短截，培养成主枝，但位置不当要全部剪去。

②定植后第1年的修剪。要注意合理冬剪，在整形带内的一年生枝中，选择生长健壮的枝条培养成中央领导干和基部的3个主枝，疏除多余的枝条或从基部拧枝，使其呈下垂状，留作辅养枝。在中央干和3个主枝中上部的饱满芽40～50厘米处留外芽剪截，以利于培养侧枝。定植后第1年夏剪应注意及时抹掉整形带以下的萌芽，并且疏除竞争枝和过密枝。

③定植后第2年的修剪。扁桃在夏剪时要注意主枝的开张角度，对辅养枝注意进行摘心，剪除根颈部、主干、主枝上萌生的多余枝条（如根蘖和低位的新梢等），以缓和长势，改善光照，促进花芽的形成。定植后第2年的扁桃，冬剪时每个主枝在距离基部40～50厘米处留外芽剪截。各个主枝剪口下第二或第三个芽留在同一旋转方向，以利于培养第一侧枝。疏除徒长枝、直立枝、交叉枝、重叠枝，剪留辅养枝并开张角度，以利于成花结果。冬季修剪要选好主枝，培

养侧枝和结果枝。主枝长到 80～100 厘米时培养第二侧枝，以促使树体长大，早结果，但不要修剪过重。

④定植后第 3 年的修剪。夏剪方法同第 1 年和第 2 年，主要是控制各类辅养枝旺长，促进花芽形成。冬剪时，剪截主枝延长头，使剪口下第二或第三个芽与上年（第一侧枝）成相反方向，以利于培养第二侧枝。第一侧枝适当短截，轻剪辅养枝，疏除徒长枝、竞争枝和背上直立枝。

⑤定植后第 4～5 年的修剪。夏剪方法同第 3 年。冬剪时，要选留 3 个侧枝，继续适当剪截各级骨干枝延长头，以扩大树冠，控制徒长枝，疏除过密枝，长放辅养枝并培养各类结果枝组。

（2）初果期树修剪：由于扁桃的生长结果习性与桃相似，可以采用常规的桃树修剪方法对扁桃初果期树进行修剪。初果期树的生长特点为树体生长旺盛，发育枝多，长果枝、副梢果枝增多，枝条缓放，易于成花。此期修剪要继续培养好树形，扩大树冠，促使果树尽早进入盛果期。同时，要注意及时培养和更新结果枝组，改善通风透光条件，提高产量。当完成整形、生长势趋于缓和并偏弱、树高达 4 米时，要及时落头，以增强下部树势、解决内膛光照问题。

骨干枝延长枝修剪应选择饱满芽位下剪，剪截后促使其萌生 3 个长枝，主枝延长头应剪去 1/3，侧枝可剪去 1/4，促使分枝形成结果枝组。此期一般不疏枝，但直立强旺、扰乱树形的枝条可以疏除，其余的各类枝多进行缓放，使之形成串花枝组，以增加结果部位。

因为扁桃的成枝力强，所以修剪的原则是多疏少截。扁桃以短果枝结果为主，其幼树和初果期果树生长旺盛，中、长果枝量较多，一般当新梢长至 50～60 厘米时应及时摘心，促发副梢，增加结果枝，同时及时疏除多余枝。对于有空间，需要保留的背上枝、直立枝，当长至 50～60 厘米时应及时扭梢。冬季基本不剪，一般在定植后第 2 年冬果树便可成形。

(3)盛果期树修剪：此时树已成形，生长势缓和，树体结构已经稳定，大量结果使部分枝条冗长下垂，内膛出现了不易成花的细弱枝。此期修剪的任务是调整生长和结果的关系，维持树势，延长盛果期年限。修剪应掌握“适当重剪，强枝少剪，弱枝多剪，不过密不疏枝”的原则，调节好生长与结果的关系。修剪主要是疏除密集枝和竞争枝，保证通风透光，同时适当短截培养健壮的结果枝组，使其紧靠主干，分布均匀。

各级骨干枝的延长头经数年延伸后，由于结果量的增加，抽生长枝的能力减弱，可以缓放不剪，使之转变成结果枝组。为了保持和增加一定的结果部位，对部分发育枝应及时短截，剪留 20～30 厘米。偏弱的发育枝可剪留 15 厘米，促生分枝，形成新的结果枝。衰弱的主、侧枝及多年生结果枝组应在强壮的分枝部位回缩更新，抬高角度，恢复树

势。连续多年结果的花束状果枝可在基部潜伏芽处回缩，促生分枝，重新培养花束状果枝。树冠内膛发出的徒长枝应尽量保留利用，可进行生长季摘心，也可在冬季重回缩，改造培养成新枝组。

扁桃多数品种以极短果枝结果为主，短枝的结果能力一般维持5～7年，所以每年要有计划地更新12%～20%的结果枝，并短截一些长势弱的枝条，以促其尽快生长。生长期修剪主要是疏枝和摘心，改善光照，培养新枝组。整个树体四周均匀分布有10～25厘米的新梢，表明树体生长势良好。结果树要适度短截，使树体抽生新梢，培养新的结果短枝，以取代结果能力差的短枝。因此，要及时短截直径1.0～3.5厘米的老枝。只有每年都进行短截和疏枝，才能保持一定量的结果枝和产量。

扁桃修剪以疏剪为主，也应适当进行短截，但保留较多的中、短果枝时不能像桃一样过重短截。幼树、初结果树的树势旺盛，发展空间大，应轻剪且多留花芽，用多结果控制生长，采用先短截、后疏剪的办法培养结果枝组；盛果期树短果枝多、产量高，可回缩到2～3年生枝处，用轮换更新的办法延长结果年限；衰老树应采用重回缩法迫使隐芽抽生新枝，利用徒长枝更新树冠。

修剪是否得当可根据生长量判断，通常情况下，10～12年生的树每年新梢生长量为15～30厘米。生长季萌发的大量萌蘖枝，要根据位置和稀密处理，无用者尽早疏除，位置适合、将来有可能替代骨干枝者要保留培养。

(4)衰老期树修剪：对于衰老的扁桃树，在加强肥水的前提下，更新复壮是延缓衰老、维持树体产量的重要方法，可通过重截骨干枝来促进树体生长。短截(回缩)侧枝的同时，疏除小而弱的枝条。重回缩骨干枝后，若骨干枝背上有徒长枝或发育枝，可利用其优势作延长头，原延长头可视作一个背下枝处理。要充分利用树冠内膛的徒长枝，以尽快培养出新的结果枝组。重截后第 2 年，骨干枝会产生很多萌蘖，需疏掉过密枝条；用保留的萌蘖枝代替老而无产量的枝，建立新的树冠；老结果枝要及时更新。

3. 放任树的修剪

我国扁桃产区管理粗放，许多树只收不管，很少修剪，任其自然生长，成为放任树。这类树的总特点是骨干枝多、树形紊乱、内膛光秃、小枝枯死、通风透光不良、结果部位严重外移、上强下弱、层次不清。对这类树的改造，要具体情况具体分析，因树修剪，不能千篇一律。

树高超过 5 米以上的树体先打开天窗，逐级落头，注意剪截口下要有跟枝。大枝过多、后部光秃的树体，应选 5～7 个方位好、距离适当、生长健壮的大枝作主枝，其余大枝则重回缩或疏除，但不可操之过急，应分年度、分批处理，以免造成大伤口过多，削弱树势。主枝上保留的枝条要适当轻

剪,促使后部发枝。过长的枝组在多年生部位缩剪,保留壮枝、壮芽,以更新枝组、充实树冠。内膛发出的徒长枝要尽可能地利用,以培养大、中、小型结果枝组。

在修剪过程中,应每年短截更新 1/5 的结果枝。选择直径 1.0～3.5 厘米的枝条短截,以促进新梢生长,然后培养成结果枝。位置适当的萌蘖枝也可以培养为结果枝。采收后修剪不会降低树体的营养水平和次年产量,故可从果实采收后开始修剪。

4. 夏季修剪与冬季修剪

(1)夏季修剪:夏季修剪泛指生长季修剪,主要内容包括抹芽、摘心、疏枝、环剥、拉枝、剪梢等,其作用是调节生长和结果的矛盾,改善树体光照,培养健壮的结果枝组,提高坐果率。夏季修剪由于在生长季进行,它的作用比冬季修剪更直接、更快、更明显,尤其有利于花芽的形成,因此必须重视夏季修剪。

①抹芽除萌。从萌芽到新梢生长初期,要抹除并生的萌发芽及主枝背上的新梢,以节约养分,改善光照条件。初萌发时,用手抹去不再萌发,长大再剪还会萌发。

②摘心。在新梢迅速生长期,将新梢顶端 5～10 厘米的嫩梢摘除。在幼树整形期,当主、侧枝的延长新梢长到 50 厘米时摘心,促使副梢生长,加速形成树冠。树冠内膛可以利用且需要控制的直立枝或徒长枝进行早期摘心,使之由

直立生长变为斜向生长。当平斜枝长到 30 厘米时摘心，以利于成花，降低花芽节位。

③疏枝。在新梢生长期，疏除树冠内膛无用的直立旺枝、过密枝，以节省养分，改善树冠内膛光照条件。

④生长季拉枝。对分枝角度小、直立生长的枝进行拉枝或利用开角器开角，加大主枝角度，变直立枝为平斜枝，以改善内膛光照条件，利于花芽分化。

⑤夏季剪梢。在新梢缓慢生长期，对直立枝进行短剪，剪去未木质化部分，以控制其生长，促发分枝。

总之，扁桃夏季修剪很重要，一般要进行 3 次。第 1 次，在新梢迅速生长前进行抹芽、除萌，疏除过密枝和竞争枝。第二次，在迅速生长期选留位置适当的直立枝，留 20 厘米左右摘心，促发副梢；同时选留平斜枝，留 30 厘米左右摘心，以利于花芽形成，降低花芽节位。第三次，在 6～7 月份，疏除过密枝、徒长枝，以节省养分，同时对生长强的副梢再摘心，以促进枝条成熟和成花。

(2)冬季修剪：扁桃喜光不耐阴，幼树生长旺盛、萌芽率高、成枝力强，一般情况下，自然开心形历经 3 年才能完成整形工作。在修剪上，除对骨干枝适度短截外，其他枝以轻剪缓放、疏枝为主，结果较多时可短截一部分营养枝作预备枝，同时注意局部更新。

五 花果管理

(一)保花保果技术

1. 落花落果的原因

我国大部分扁桃产区都存在着严重的落花落果现象，严重影响扁桃的产量和品质，这与当地的立地条件有关(气候、土壤、生物等环境因素对扁桃的生长发育都有不同程度的影响)，同时还与栽培管理方式有关。因此，了解扁桃落花落果的原因，科学地进行花果管理，是实现扁桃增产、提高果品质量的有效途径。引起扁桃落花落果的原因有很多，主要有以下几个方面：

(1)树体营养不良：树体营养水平直接影响扁桃的花芽分化，如果树体营养不足，会严重影响花的器官发育，使不完全花的比例升高；反之，如果树体营养生长过旺，养分消耗过多，容易引起落花落果。

(2)花芽质量差：扁桃属于异花授粉树种，自花结实率极低，一般在1%。若花芽分化不完全，则形成的花无雌蕊，花药瘪小或无花粉而散粉率低，授粉受精不良，子房干瘦、枯萎,所形成的不完全花脱落率在10%左右。而完全花的花粉散粉率高、花药体积大、子房饱满,是坐果结实的主要类型。

(3)品种间的亲和差异或缺乏授粉树:亲和力直接影响授粉受精和坐果,是生产中确定授粉树搭配比例的重要依据,同时也是选择优良品种的条件之一。建园时未能按要求配置授粉树或授粉树不合理,则主栽品种无法正常完成授粉受精而导致坐果率低。

(4)花期气候不良:引起落花落果的恶劣天气主要有倒春寒、大风及沙尘等。扁桃花芽从萌动到开花集中在3月下旬到4月上旬,此时正是北方产区的倒春寒天气,较长时间的低温使扁桃花芽极易被冻伤甚至冻死,从而造成灾难性的损失。在扁桃花期,若遇连阴天、沙尘天气,会降低花粉的散粉率,使授粉受精过程受阻。另外,花期遭遇4级以上的大风天气也是造成落花落果的因素之一。

(5)管理水平低下:土壤瘠薄、树体养分匮乏、养料不足等都会造成树势较弱,影响花芽的质量。在扁桃花期如果土壤营养和水分不足,会导致根系发育不良,不能提供开花坐果所需的养分和水分,养分供应不平衡,引起落花落果。另外,在肥水充足,特别是氮肥过多的情况下,枝条徒长,会导致生殖生长和营养生长不协调,也会引起大量落花落果。

2. 保花保果措施

预防扁桃落花落果，要防、治、管相结合。以加强土壤管理为主，结合喷施微肥、生长调节剂，使扁桃生长处于中庸状态。对于外界灾难性天气和不可抗拒因素，原则上应以预防为主，通过增强树势提高其抵抗不良环境的能力。另外，就是培育晚花、抗寒、耐湿、生育期短的优良品种。

(1)加强树体管理，提高树体营养水平：

①加强土肥水管理。果实采收后立即追施速效性复合肥或果树专用肥。9月份施基肥，每株50～100千克，加入磷酸钙肥(每株1～2千克)，增加树体营养，增加树势，提高花芽质量和数量。

②合理整形修剪。以夏季修剪为主、冬季修剪为辅，减少树冠郁闭，改善光照条件。对于花芽量大的树，剪除过弱、过密花枝，留下的花枝要疏蕾、疏花，使养分集中，提高坐果率。

对于过旺的树和枝，要进行环剥或环割处理，一般在花后15天左右进行。环剥或环割要注意伤口的保护，防止流胶的发生，深度达到木质部即可，宽度是树干直径的1/10。

③加强病虫害防治。合理使用农药，保护好果实和叶片，增加树体营养物质的积累，以利于花芽的形成，提高单位面积产量。

(2)合理配置授粉树并辅以人工授粉:新植扁桃园基本上都设置有授粉树,但粗放经营的扁桃园或高接换优园往往忽视了授粉品种,应在园区高接特定的授粉树,改良扁桃的授粉条件。生产上人工授粉的方法很多,但较实用的主要有以下几种:

①喷粉。把采集好的花粉与滑石粉或淀粉按1:(80～100)的比例混匀,在盛花期对大树喷粉。

②液体授粉。将采集的花粉混合入白砂糖和尿素溶液中进行喷雾授粉。花粉液的配方是:水12.5千克、白砂糖25克、尿素25克、花粉25克,先将白砂糖、尿素溶入少量水中,然后加入称量好的花粉,用纱布过滤,再加入足量水搅拌均匀。为提高效果,可在溶液中加少许豆浆,以增强花粉液的黏着性。为了提高花粉的活力和发芽力,还可在溶液中加入25克硼酸,但花粉液需随配随用,不能久放和隔夜。

采集山桃或当地授粉品种的花蕾(蕾铃期,即含苞待放的未开花蕾),双手各拿一朵花蕾相对揉搓即可把花药脱下,除去其中的花丝、花瓣,薄薄地摊于报纸上,在室温下一昼夜即可干燥并放出黄色花粉。若气温低,可置于25～30℃的土炕上干燥,待花药全裂开散粉后,将花粉过筛,除去干燥的花药,收取纯净的花粉,然后置于阴凉干燥的地方保存即可,注意花粉必须干燥且不能见直射的阳光。

(3)花期防霜冻：在我国北方地区，扁桃花期正值早春气候变化剧烈的季节，时常有大风降温和寒流天气出现，形成晚霜危害，导致扁桃花期发生冻害，造成减产甚至绝收。这是在扁桃生产中必须要考虑解决的一个重要问题。同其他果树一样，休眠期扁桃可耐－31～－28 ℃的低温。但随花期到来，扁桃对低温的忍耐力急剧下降，－5～－2 ℃就会使花的器官受冻。初花期可耐－3.9 ℃的低温，盛花期可耐－2.2 ℃，而幼果期只耐－0.8 ℃。建扁桃园时一定要避开频繁发生霜冻的地区，优先在干燥通风处建园，选用抗寒品种和晚花品种，同时采取必要的栽培管理措施防止霜冻。当前，各地防止霜冻的措施有以下几个方面：

①熏烟。这是一种传统的防霜冻措施。熏烟后可在树体周围形成烟幕，内含大量二氧化碳及水蒸气，可有效防止热量散失，防止园内温度下降，使树体处于稳定的气温环境中，从而阻止霜冻的发生。通常用作熏烟的材料由农作物秸秆、枯枝落叶及杂草组成，这些材料要有一定的湿度，也可在秸秆上撒薄土，防止明火的出现。一般每个熏烟堆用材料 30～50 千克，每亩 4～6 个熏烟堆即可。此种方法发烟量大，简便易行，效果好。通常霜冻多发生在凌晨 3～5 时，在扁桃花期应当认真听取天气预报，提前设置熏烟堆。同时，可专人值班，观测气温，特别是低洼地带的气温变化，当气温降至－1.5 ℃，而且还在继续下降时，即可点烟。通

过熏烟,可提高果园气温 2 ℃以上,能有效预防霜冻发生。

②地面灌水及树体喷水。当发生大风降温时,水利条件较好的地区可根据天气预报及时给树体灌水,或直接给树体喷水,通过灌水或喷水可提高扁桃园的空气湿度,延缓园区降温速度。水的比热高,喷水后水包含的热量可及时散发,每立方米降低 1 ℃可放出 4 190 千焦的热量,可有效延缓急剧降温。树体喷水后可以延迟花期,能有效降低冻害的程度。

③树体喷盐水或枝条喷石灰乳。当水中含盐而成为盐溶液时,其凝固点下降。这样在霜冻发生时可防止空气中的水汽在枝条上结霜,避免了霜冻对枝条和花芽的危害。据试验,休眠期至发芽期常用的食盐水溶液的浓度为 0.5%~20%,休眠期浓度可高,萌芽期应低,否则易引起盐害。

冬季结合主干涂白,给树体枝条喷石灰乳,可有效地反射阳光,降低树体温度,延迟花期 5~6 天,从而躲过霜冻。石灰乳的配方是:50 千克水加 10 千克生石灰,搅拌均匀后,再加入 100 克柴油(可增加在枝条上的吸附力)。

④喷施化学药剂。在花芽膨大期喷 500~2 000 毫克/千克的青鲜素(MH)溶液,可推迟花期 4~5 天;喷 100~200 毫克/千克的乙烯利溶液,可使芽内花原基发育推迟,从而延迟花期;喷高脂膜 200 倍液,可推迟花期约 1 周。

(4)果园放蜂：扁桃花为虫媒花，在盛花期放蜂可促进正常花授粉受精而提高坐果率，增产效率达20%左右。

(5)花期喷水喷肥：在春天较旱并有大风伴随的天气，花柱头易被风吹干，花粉因不易黏附而失去授粉受精能力，导致坐果率降低。在盛花期喷水效果较好，可增大空气湿度，改善授粉受精条件，增加花粉和柱头的接触机会。

花期喷硼肥或氮肥，可以补充树体营养，促进开花整齐，提高坐果率。盛花期喷硼肥后花粉萌发率大于85%，对柱头伸长最好，可以明显阻止花粉管破裂，有利于授粉受精。需要注意的是，土壤施硼肥对花粉没有影响。

(6)幼果期喷肥和植物生长调节剂：幼果期叶面喷肥，喷施利果美500～600倍液、0.35%～0.5%的尿素溶液或0.3%的磷酸二氢钾溶液，补充树体营养，减少枝条和幼果间的养分竞争，可以有效减少落果。

扁桃坐果后，5月下旬正值新梢旺盛生长期，对叶面喷施果树促控剂300～500倍液，可以显著抑制新梢生长，促进花芽分化，提高第2年的坐果率。

(二)疏花疏果技术

及时疏除过多的花果是保持树势，争取稳产、优质、高产的一项技术措施。如果开花过量，会消耗大量贮藏的营养，加剧幼果和新梢之间营养的竞争，进而导致大量落果。如果果实过多，树体的赤霉素水平增高，会抑制当年花芽的形成，造成大小年现象。因此，及时且适宜地疏花疏果，可以提高树势和优质果品的比例。

1. 疏花疏果的好处

扁桃花量过多，开花势必会消耗大量营养。疏去多余的花量，可节省养分，减少养分竞争，不但不影响坐果，反而能提高坐果率。疏除过多的果实，改善果实的生长条件，有利于果个增大及果实品质和商品价值的提高。因此，为了保持树势，争取高产、稳产、优质，及时且适宜疏花疏果是极为必要的。

2. 疏花疏果的原则

（1）宜早不宜迟：疏花越早越好，疏果不如疏花，疏花不如破芽。

（2）克服惜花惜果观念：按树定产，按株定量，按量留花留果，切勿舍不得疏除。

（3）坚持质量第一：必须做到准确细致，按“先上后下，先内后外”的顺序逐枝进行，切勿碰伤果台。注意保护下部叶片以及周围的果实，正确安排留果位置，保证果实健康生长。

（4）按市场需求疏果：在疏花疏果中，考虑市场需求也是必不可少的环节。按照近几年来各个区域果品市场的需求对疏花疏果的力度进行调节，如果疏花疏果时已确定销售方向，那么应按其区域市场的情况进行疏花疏果。

3. 疏花疏果的方法

(1)人工疏除:人工疏除具有一定的可选择性,在了解成花规律和结果习性的基础上,为了尽可能地节约贮藏营养,应尽可能早进行。疏花可以结合修剪同时进行,当花芽形成过量时,着重疏除弱花枝、过密花枝,回缩过长的结果枝组,中长果枝剪去花芽,并在萌动后、开花前进行复剪,保留超过所需花量20%的花,以防不良气候影响授粉受精。

疏果一般在生理落果后进行,先疏除畸形果和发育较小的果。根据树龄、枝势和结果枝强弱进行留果,长果枝留2～4个果,中果枝留1～3个果,弱果枝和花束状果枝不留果;也可以根据距离进行留果,一般每隔15～20厘米留一个果。

(2)化学疏除:化学疏除可以节约劳动力,减小生产成本。首先,化学疏果的效果不仅与药剂的浓度有关,而且与药液用量有关。浓度虽适宜,但药液用量太多时也可引起疏除过重。其次,品种不同,化学疏果的效果也不同。树势过强或过弱容易疏果过度。另外,喷药后降雨会降低药效,但湿度较大时萘乙酸易被吸收,药效较高。气温高时萘乙酸吸收量大,效果高。但太阳直射会使萘乙酸分解,影响疏果效果。为了避免不必要的损失,在用化学试剂疏花疏果前应先做小面积的试验,获得成功经验后才能大面积使用。

①硝基化合物。二硝基邻甲苯及其盐类最常用,其原

理是灼伤花粉及柱头，从而阻止花粉萌发、花粉管伸长，使子房不能受精而脱落。一般在早花开放并已基本受精后喷布，以疏除迟开的花朵。

②石硫合剂。用石硫合剂疏花反应缓慢，一般在落花后一个月，因此应在落花后 1 个月疏果。石硫合剂的作用与硝基化合物近似，喷布必须严密，使柱头着药。其药效稳定，且较为安全，兼有防病虫作用。使用浓度为 0.2%～0.4%，在盛花后 2～3 天连喷两次。

③萘乙酸和萘乙酸胺。在花期喷布，使花粉管伸长受阻，不能正常受精；在幼果期喷布，干扰内源激素代谢和运输，促生乙烯，从而导致落果。易落花品种用萘乙酸胺较稳妥，其溶液浓度一般为 20～50 毫克/升，而萘乙酸的溶液浓度一般为 10～20 毫克/升。

④乙烯利。乙烯利通过促使离层细胞解体而导致落果，有效期短，其溶液浓度一般为 300～500 毫克/升，在盛果期或落花后 10 天左右喷布即可。

⑤西维因。在树体内，西维因可以干扰幼果内维管束的疏导作用，迫使幼果缺乏营养而脱落，作用稳定而温和。在落花后 2～3 周喷布，注意喷布均匀，浓度一般为 750～2 000 毫克/升。

(三)果实品质提升技术

1. 影响果实品质的因素

(1)品种：同一品种内不同个体间遗传性状相对稳定，

果实性状也相对一致，所以果实的大小、形状、色泽、风味、香气、营养成分及贮运性能等都对品种起决定作用。因此，栽培者在定植扁桃时，一定要根据不同的目的选择不同的优良品种。如果以生食为目的，要选择果仁大、色泽好、香气浓和口感好的品种；如果以加工为目的，要选择含某物质量高、丰产性好的品种，如利用蒙古扁桃、西康扁桃的种仁榨油和制泡菜；如果选择砧木，则要选择嫁接时有良好的亲和性、有矮化作用，且产种量高的品种；如果以城市绿化为目的，要选择生长期长、花有香味，而且耐修剪的品种。

(2)肥料:果园有机肥料投入不足、尿素等氮肥施用过量会导致土壤有机质含量低，土壤保肥保水能力差，树体内贮存的营养在果实和新梢生长发育阶段供应不足，表现为果个小、着色不良、风味差、硬度和贮存性下降。

(3)树体状况：

①树体长势强旺，生长量大。过量施用氮肥，加之整形修剪不合理，会使树体高度不够，骨干枝基角太小，背上枝直立、旺长，背下枝细长、下垂，枝条类型混乱，进入结果期晚，且不丰产。

②树体结构不合理。留枝量过多，枝条类型、比例失调，中短枝数量偏少，结果枝组偏大、不紧凑，会使有效叶面积变少，光照恶化，坐果率低，果实质量差。

③花果管理失控。留果量大，栽植时不配置授粉树，授

粉受精质量差，树体负荷量过大，会使果实变小，外观及内在品质下降。

④果实套袋。套袋能显著改变果实的外观品质，但同时会使内在品质严重下降，且容易碰伤。

⑤果实采收时期不合理。一味地追求市场效益，扁桃过早或过晚采收都会导致品质下降，过早采收容易影响扁桃果实口感和质量，过迟采摘则会影响扁桃的硬度、货架期及以后树体的生长。

⑥病虫危害严重。果园管理不当会造成病虫害严重，主要有细菌性穿孔病、流胶病、褐腐病等病害及蚜虫、红蜘蛛、二斑叶蝉等虫害。

(4)环境因素：如果当地的环境条件不适宜扁桃生长，就不要在此地栽培扁桃，以免劳民伤财，徒劳无功。环境条件包括：

①气候因子。气候因子主要指光能、温度、空气、水分、风、冰雹等。

②土壤因子。土壤因子主要指土壤无机物和有机物的理化性能及土壤微生物等。

③地形因子。地形因子主要指地表起伏和地貌状况，如山丘、高原、平地、洼地等。

④生物因子。生物因子主要指动物、植物、病虫害、微生物等。

⑤人为因子。人为因子主要指人对资源的利用、改造和破坏过程中的作用。

在这些因子中，有些直接影响扁桃生长发育，有些则是间接影响。

2. 提高品质的主要措施

(1)选择优良品种：种植扁桃，选择优良品种是实现优质的前提。扁桃树生命周期长，更需重视良种，尤其是果品的口感、色泽、营养等均与品种密切相关。如果品种本身的品质差，那么即便其他条件都适宜扁桃生长发育，也生产不出优质的果品。因此，必须选择适合当地气候条件的优良品种进行种植。

(2)深耕改土，促进树体健壮：定植前深翻土壤会显著改变土壤的透气性，有利于根系生长。如果栽植区土壤条件差，必要时可以进行客土移植。通过改良土壤，可以使根系有很好的生长环境，改良土壤结构。多施有机肥(质)，种草、覆草、埋草，实施“沃土工程”，促进根系发展，促进树体健壮，从而实现高产、稳产、优产。

(3)科学施肥：施肥以有机肥为主。秋施基肥能够改良土壤结构，给扁桃树生长提供各种所需的营养成分，可以提高果实的含糖量和风味，促进果实着色，提高扁桃果实的产量。在有机肥的选择方面，可以选用家禽粪便等，也可以施用焚烧过后的草木灰。合理施用化肥，主要以钾肥为主，氮肥应该适量，并搭配一些其他含量少的微肥。在扁桃树整个生长过程中，氮(N)元素不可或缺，但是氮肥必须适量，过多的氮肥只会造成扁桃树和果实营养生长过剩，使茎粗、叶片肥大等，且叶片过多会阻碍扁桃树进行充分的光合作用，从而影响扁桃果实的口感。钾是扁桃在整个生长期需要最多的元素，钾肥有助于植物对光合作用的产物进行运输，从而在很大程度上提高扁桃果实的产量和质量。

(4)整形修剪：对于年幼的扁桃树，可以通过抽梢来扩大树冠。培养扁桃树的骨干枝，以增加树冠枝梢、叶片为主，出现花蕾的树枝应全部摘除，通过多次发梢的方式促进扁桃树生长新梢，最终形成开张的树形。在果实着色期，要摘除对果实有遮阳作用的树叶，使果实直接接受阳光照射。当果实朝阳面着色均匀后，轻轻转动果实，并且稍微加以固定，使原来的背阴面朝阳，以解决果实背阴面、侧面着色差的问题。需要注意的是，摘叶不可过早，不然会降低果实含糖量，使果树花芽分化不充实。

(5)疏花疏果，合理负载：在综合调整营养生长与生殖生长相对平衡的基础上，通过肥水及修剪，特别是授粉和疏花疏果，既能提高平均单产，又能防止结果过多。制定一个合理的产量标准，理论上可依据叶果比，实践上可根据干周、距离或果枝类型，既能保证树体健壮，达到高产稳产，又能保证负载合理，使果实发育良好，个大质优。可以根据不

同的生长年限、不同的生长势、不同的管理水平，合理安排树体的结果量，盛果期应控制在每棵树 100～150 千克。

(6)加强果园管理：扁桃树常见的虫害有蚜虫、红蜘蛛和天牛等，常见的病害有红斑病、树干流胶和缩叶病等。这就需要种植户根据各个时期各种病虫害的发生规律进行预测预报和重点防治。一是抓住扁桃树冬季落叶后至萌芽这段时间做好清园工作，例如刮除树干以及分枝上的老皮、翘皮，并将果园中的落叶、病果以及病虫枯枝等集中烧毁或者深埋，喷洒 150 倍液的石硫合剂；二是在生长季节当病虫害达到一定的指标以后，有针对性地选择高效低度的药物进行化学防治。

六 土肥水管理技术

(一)土壤管理

1. 土壤改良

土壤改良包括土壤熟化、不同类型土壤改良以及土壤酸碱度的调节等。

(1)土壤熟化:一般果树应有80～120厘米深的土层,其中80%左右的根系分布在0～20厘米的表土层,因此在有效土层浅的果园对土壤进行深翻改良非常重要。深翻可改善根际土壤的通透性和保水性,从而改善果树根系生长和吸收的环境,促进果树地上部生长,提高果品产量和品质。在深翻的同时,如果施入腐熟有机肥,土壤改良效果会更为明显。一年四季均可进行深翻,但一般在秋季结合施基肥效果最佳。同时,深翻施肥后立即灌透水,有助于有机物分解和果树根系的吸收。果园翻耕的深度应略深于根系分布区,未抽条的果园一般深翻达到80厘米。山地、黏性土壤、土层浅的果园宜深些,沙质土壤、土层厚的果园宜浅些。

(2)不同类型的土壤改良:扁桃树栽培要求土壤团粒结构良好,土层深厚且水、肥、气、热协调的土壤都适合扁桃树栽培,但遇到理化性状较差的黏性土和沙性土时需要进行土壤改良。

①盐碱地改良。我国北方干旱、半干旱地区有大量盐碱地。盐碱地的主要危害是土壤含盐量高和离子毒害,当土壤的含盐量高于土壤含盐量临界值的0.2%时,土壤溶液浓度会大于扁桃根系细胞液浓度,植物根系将很难从土壤中吸收水分和营养物质,易引起生理干旱和营养缺乏症。另外,盐类对根系还有腐蚀作用,会使扁桃根系萎蔫、枯死。此外,盐碱地的土壤酸碱度较高,pH一般都在8以上,盐碱地有机质含量低,土壤微生物种类和数量少,使土壤中各种营养物质的有效性降低,即使施入大量肥料也发挥不了长久作用。改良的技术措施如下:

a.适时合理灌溉,洗盐或以水压盐。在含盐量3%以上的盐碱地栽植扁桃树,必须洗盐除碱,使盐碱含量降至2%以下,达到扁桃树能耐受的水平。注意洗盐最好抓住春季返盐、返碱的时机进行,洗盐水必须是无盐碱的水,否则会加重盐碱危害。

b.多施有机肥,种植绿肥作物。盐碱地多施有机肥,不仅能改善不良的土壤结构,还能有效降低土壤的pH,提高土壤养分的有效性。在扁桃园种植耐盐碱性强的绿肥作物，如苜蓿、草木樨、百脉根、田菁、扁蓿豆、黑麦草、燕麦、绿豆等，也可以改善土壤的不良结构，提高土壤中营养物质的有效性。

c. 化学改良，使用土壤改良剂。该方法可改良土壤胶体所吸附的阳离子，改善土壤结构，防止返碱，同时能调节土壤酸碱度，改善土壤营养状况，防止盐碱危害。化学改良可使用的化学物质有石膏、磷石膏、含硫或含酸的物质（如硫黄粉、粗硫酸等）、钙质化肥及生理酸性物质等。

d. 合理中耕。对扁桃园进行行间土壤耕翻是改良盐碱土的有效措施。耕翻可改善土壤结构和理化性质，促使土壤形成团粒结构；耕翻可使土壤的生物活性增强，加速土壤熟化，使难溶性矿物营养转化为可溶性养分，从而提高土壤肥力。

平地扁桃园可每年耕翻一次，耕翻深度应以扁桃根系分布层的深度为依据，以15～20厘米为宜。山地扁桃园修梯田后可隔行耕翻。生产中使用较多的是扩树穴，即在树冠投影外缘处挖1米左右的环沟。

②黏重土壤改良。我国北方部分地区土壤极其黏重，容易板结，有机质含量少，且土壤严重酸化。改良的技术措施如下：

a. 掺沙，又称客土。在黏土中掺入大量沙土、炉灰渣等，改土效果较好，可在建园前进行一次性客土，40～60厘

米深的客土层最好，但费工费时，可于栽植扁桃树后逐年扩坑客土。

b. 增施有机肥，种植绿肥作物。施有机肥可提高土壤有机质含量，有效克服土壤结构缺陷，提高土壤肥力和调节酸碱度。但尽量避免施用酸性肥料，可用磷肥和石灰等。适用的绿肥作物有田萝卜、紫云英、金光菊、豇豆、蚕豆、二月兰、大米草、毛叶苕子等。

c. 合理耕作。免耕或少耕，必须耕翻时，应避免在刚下雨或灌溉后进行，以防破坏土壤结构。

③沙荒地改良。在我国黄河故道和西北地区有大面积的沙荒地，这些地域的土壤构成主要为沙粒，有机质极为缺乏，且温度、湿度变化大，无保水、保肥能力。改良的技术措施有：一是设置防风林网，防风固沙；二是发掘灌溉水源，在地表种植绿肥作物，加强覆盖；三是培土填淤和增施有机肥结合；四是施用土壤改良剂。

(3)土壤酸碱度的调节：土壤的酸碱度对各种果树生长发育影响很大，土壤中必需营养元素的可给性、土壤微生物的活动，果树根部吸水、吸肥的能力以及有害物质对根部的作用等，都与土壤 pH 有关。扁桃最适宜的土壤 pH 为 6.0～7.5，土壤过酸时可加入磷肥、适量石灰，或种植碱性绿肥作物，如毛叶苕子、油菜等；土壤偏碱时宜加入适量的硫酸亚铁，或种植酸性绿肥作物，如苜蓿、草木樨、百脉根、黑麦草等。

2. 土壤管理

(1)土壤深翻:

①深翻时期。实践证明,扁桃园春、夏、秋季均可深翻,但应根据扁桃园的具体情况,因地制宜,适时进行,并采用相适应的措施,才会收到良好效果。

秋季为深翻最佳时期,一般在果实采收前后结合秋施基肥进行。此时,果树地上部生长较慢,养分开始积累,深翻后正值扁桃根系秋季生长高峰期,伤口容易愈合并可长出新根,再结合灌水,可使土粒与根系迅速密接,有利于根系生长。

春季也可深翻,宜在土壤解冻后及早进行。此时,果树地上部处于休眠期,根系活动弱,伤根以后伤口容易愈合再生。在冬季寒冷、空气干燥的地区,为了防止秋季深翻发生跑墒、枝条抽干现象,也可以在夏季深翻。夏季深翻对当年的生长影响较小,翻后如果遇到雨水,土壤沉实快。扁桃根系经过夏、秋两季恢复,对翌年生长的影响较小,但要注意尽量少伤根和及时灌水,否则容易造成落叶。

②深翻深度。深翻深度在扁桃树主要根系分布密集层(20～60 厘米)的范围内较好,同时,要考虑土壤结构和土质。若山地土层下部为半风化的岩石,或滩地在浅层有砾石层,或土质较黏重等,深翻的深度一般要求达到 80～100

厘米；若园地土层深厚、疏松，则可适当浅些。

③深翻方法。扩穴：在幼树栽植后的前几年内，从定植穴边缘开始每年或隔年向外扩展，挖宽50～60厘米、深70～80厘米的环状沟，把其中的沙石、劣土挖出并填入好土，同时结合施基肥，直至株间的土壤全部翻完为止。这种方法适用于幼树，劳动力较少的果园、山地或平地也可采用。隔行深翻：先深翻一个行间，留下一个行间下一次再翻。这种方法每次深翻只用半面根系，可避免因伤根过多而对扁桃树生长不利，而且行间深翻便于机械化操作。全园深翻：将树盘以外的土壤一次深翻完毕。这种方法需劳动力较多，同时伤根过多，不过可以分次完成，便于机械化施工和平整土地。

不论哪种方法，其深度都应根据树龄、地势和土壤性质而定。深翻的过程中要把表土和底土分开放置，填土时最好结合施入有机肥，下层可施入秸秆、杂草及落叶等，使之与底土混合，上层可施入腐熟的有机肥，将其与表土混匀后填入。深翻时要注意保护根系，尽量少伤直径在1厘米以上的大根，并避免根系裸露的时间太长或受冻害。要随翻随将石块等杂物拣出，将粗大的断根断面修剪以利于愈合，覆土后要及时灌水，使土壤与根系紧密接触，这样有利于发新根和满足扁桃对水分的要求。

(2)扁桃园生草：扁桃园生草即人工全园种草或行间带

状种草。人工生草由于草种经过人工选择，能控制不良杂草对扁桃树体和土壤的有害影响。在一些欧美国家，果园生草法的历史较长。实践证明，与多种土地管理方法比较，生草法有如下优点：一是保持水土；二是增加土壤有机质含量，提高土壤肥力；三是使扁桃的一些必需营养元素的有效性得以提高，同时使相关的缺素症得到克服；四是扁桃园可形成“生物—土壤—大气”良性循环的生态环境。

扁桃园生草的种类较多，一般选择多年生牧草，有些牧草虽然是1～2年生，但通过当年生脱落的种子也可实现常年生长，故而也可以常年使用。人工生草的草类选择原则为：一是草的高度要矮，生长快，有较高的产草量，地面覆盖率高；二是草的根系应以须根为主，最好无粗大的主根，或有主根但分布较浅；三是没有与扁桃共同的病虫害；四是地面覆盖的时间长，旺盛生长的时间短，避免与扁桃争夺土壤中的营养和水分；五是繁殖简单，管理省工，适合机械作业；六是耐阴、耐践踏。

（3）扁桃园覆盖：

①秸秆覆盖。秸秆覆盖主要是针对扁桃园土薄、肥力低、水分条件差、土壤裸露面积大而采用的一种土壤管理措施。扁桃园秸秆覆盖就是将适量的作物秸秆等覆盖在果树周围裸露的土壤上，经过风吹日晒雨淋，至扁桃落叶时，秸秆已腐熟过半，在冬季行间深翻时翻入土中，具有增肥、保

水、保温和防止水土流失的作用，能改善土壤生态环境，促进树体生长发育，进而提高果实品质和产量。

秸秆覆盖一般在收获农作物秸秆后，劳动力方便时进行，最好在雨季前进行，既可减轻雨季地表径流，多贮存水，又可加快覆盖的秸秆腐烂分解。我国北方在 6 月中下旬收获夏季作物后进行秸秆覆盖，切记不要在早春进行覆盖，因为早春覆盖后会影响地温回升。秸秆覆盖，覆盖整段材料的厚度以 10～15 厘米为宜，覆盖粉碎材料的厚度以 15～20 厘米为好。

秸秆覆盖的方式有带状覆盖、全园覆盖和树盘覆盖。带状覆盖又分为两种，一种是行间覆盖，行内实行清耕或免耕；另一种是行内覆盖，行间种植间作物，或实行清耕或免耕。在幼树期间，行间覆盖可宽些，随树体长大，行间覆盖带逐渐变窄。全园覆盖适用于无灌溉条件或有滴灌、喷灌条件的扁桃园。树盘覆盖只覆盖树冠投影面积或稍大些，适用于山地扁桃园。

②沙石覆盖。在石料、沙石资源丰富的地区，要因地制宜，利用石块、卵石、粗沙石作为覆盖材料。沙石覆盖可长久维持，而秸秆和薄膜覆盖一次仅维持 1～2 年。在幼树期覆盖面积可小点，以后可逐渐扩大覆盖面积。覆盖方式有行间覆盖和树盘覆盖。石块覆盖的厚度以 10～20 厘米为宜。石块覆盖后，除施肥移动石块外，一般不再移动。石缝

间生长的杂草,可移动石块将杂草压断或压倒。

粗沙覆盖一次可维持 2～4 年,沙层较薄或分布不均匀的,应当再补充材料,加厚覆盖层。施肥时将沙石先翻在一起,挖施肥坑,施肥后再填土,然后将覆盖的沙石再翻回原处。粗沙覆盖的厚度保持在 10～15 厘米。

(二)施肥管理

土壤中的矿物质养分是扁桃生长发育不可缺少的营养来源。施肥可以有效地供给植物营养,合理施肥还可以改善土壤的理化性状并促进土壤团粒结构的形成。施肥要因地制宜、综合考虑,实现施肥的科学化。

1. 施肥种类

(1)基肥:基肥是一年中较长时期供应养分的基本肥料,通常以迟效的有机肥料为主,如厩肥、土粪、绿肥、秸秆等,并适量加入过磷酸钙和氮肥以提高肥效。施基肥后可以增加土壤有机质,改良土壤和提高土壤肥力。肥料经过逐渐分解,可供扁桃较长期吸收利用。磷、钾肥 9～10 月份施用效果好,因为这时扁桃根系处于第 2 次生长高峰期,根的吸收能力强。秋施基肥能有充足的时间使肥料腐熟,可供扁桃树在休眠前吸收利用。秋施基肥翻动土壤时会切断部分根系,相当于根系修剪,从而促进了根系生长。秋施基肥增加了树体的营养贮备,有利于花芽充实,增强抗寒越冬能力,而且对翌年开花、坐果也有良好的作用,所以秋施基

肥比落叶后和春季施肥效果要好。

(2)追肥:追肥又叫补肥,即在施基肥的基础上,根据扁桃树各个物候期的需肥特点补给肥料,以满足当年坐果、新梢生长及提高果实产量与品质的需要,并为翌年丰产打下基础。追肥的时期、次数、种类和施肥量的多少,应根据砧木、树龄、生育状况、栽培管理方式及环境条件而定,一般应着重于在生长前期追肥。幼树、结果少的树在基肥充足的情况下,追肥的数量和次数可适当减少。保肥、保水性差的沙土地追肥次数宜多。秋施基肥施肥量比较多时,可以减少追肥的次数和数量。施肥必须适时,切不可施肥过晚,否则会造成发芽推迟、生理落果增多、成熟期推迟等不良影响,在生产中应注意这一点。

①萌芽肥。扁桃根系春季开始活动的时间比较早,所以萌芽前追肥宜早不宜晚,一般在发芽前 1 个月左右即应追肥。追肥以速效性氮肥为主,适当配合磷肥,以补充上一年树体贮藏营养的不足,促使萌芽整齐,提高开花、结果的能力。

②花前肥。扁桃发芽和开花会消耗大量贮藏的营养,开花以后又是幼果和新梢迅速生长期,这时果树需肥量较多,应施追肥。3 月中旬至 4 月上旬在春季开花前追施适量速效性肥料,如尿素、硫酸铵、硝酸铵等,以促进开花坐果和新枝生长。

③稳果肥。果树开花后不但幼果迅速膨大,而且新梢迅速生长,可于5月份花芽生理分化期和6月份花芽形态分化期施稳果肥,这一时期是扁桃营养需求的关键时期。稳果肥应占全年施肥量的15%～20%,除氮肥外,还应特别注意追施磷、钾肥。

④壮果肥。6月至7月中旬施用壮果肥,以速效性肥料为主,目的是促进果实迅速膨大、提高果实品质、促进花芽分化、保护叶片,以利于制造和积累营养,为翌年生长和结果奠定基础。这次追肥主要针对已结果的早实扁桃或晚实扁桃,应在果实硬核后进行,此时种仁开始发育,追肥的作用主要是供给种仁发育所需要的养分。

2. *施肥方法*

扁桃园施肥方法可分为两类,一类是土壤施肥,扁桃根系直接从土壤中吸收施入的肥料;另一类是根外追肥,有叶面喷施、枝干注射等多种方式。

(1)土壤施肥:众所周知,施肥效果与施肥方法有密切关系,一般基肥应施在比根系集中分布层稍深、稍远的土层内,以诱导根系向深度和广度范围扩展。追肥,特别是速效性氮肥应追施在根系集中分布层以下的土层内,以利于肥料下渗。目前,在生产上常用的土壤施肥方法有以下几种:

①全园施肥。适用于成年扁桃园和密植扁桃园,即将

肥料均匀地撒在地上，然后再深翻埋入土中，深度约 20 厘米，一般结合秋耕或春耕进行。

②环状沟施。在树冠外围挖一环状沟，沟宽 40～50 厘米、深 50～60 厘米，挖好后将肥料与土按 1∶3 的比例混合均匀后施入，然后覆土填平。此法操作简便，用肥经济，但施用范围小，适用于幼树或挖坑栽植的密植幼树。

③条状沟施肥。在树冠外缘行间或株间挖宽 50～60 厘米、深 40～60 厘米、长度依树冠大小而定的施肥沟，将圈肥等有机肥和表层熟土混合施入沟内，再把心土覆于沟上及树盘内。翌年施肥可换另外一侧，如此逐年向外扩大，直至遍布全园。

④放射沟施肥。从树冠下距树体 1 米左右的地方开始，以树干为中心向外呈放射状挖 3～4 条沟，沟深 20～50 厘米、宽 40～60 厘米，沟长超过树冠外围。挖沟时要从内向外、由浅渐深，以减少伤根，每年挖沟时应变换位置。此方法伤根较少，而且施肥面积较大，适用于盛果期的成年扁桃园；缺点是在定干过低的扁桃园工作不方便，而且易伤大根。

⑤穴贮肥水。在树干四周沿树冠外缘挖穴，使其均匀分布。穴的数量根据树冠大小及土壤条件决定，结果树一般 4～6 个，直径约 30 厘米、深 50 厘米，穴内埋草

把，草把粗20厘米左右，长度比穴深短3～5厘米。穴内埋草时，在草把周围的土中混入三元复合肥及其他微肥，埋实后整平地面，穴顶留一小坑，将人畜粪尿或液体肥水注入穴内，然后覆地膜保墒，边缘用土压实。此法伤根少，适用于秋季降水量小、干旱少雨的扁桃园或肥水不足的扁桃园。此穴可长期利用，在扁桃生长发育需肥水量大的时期，可随时注入肥水，既省工又节约肥水，经济效益高。

施肥量应根据树龄、肥料种类、施肥时期和土壤性质决定。在选择施肥方法的同时还要根据具体情况确定施肥的部位和深度。施肥应尽量施在根系附近，以利于根系吸收养分。幼龄扁桃园由于根系分布范围小，宜局部施肥。盛果期扁桃园根系已布满全园，在施肥量多的情况下可以全园施肥。若施肥量少或有间作物，可采用局部施肥的方法。为了使各部位的根都能得到肥料供应，促使根系发展，要注意变化施肥的位置，并将不同的土壤施肥方法交替使用。施肥的深度要从多方面考虑，要根据大量须根的分布深度来确定。扁桃根系水平分布较远，施肥要浅些。不易移动的磷、钾肥应深施，而容易移动的氮肥应浅施，有机肥应深施，保肥力强的土壤可深施。

(2)根外追肥：扁桃除土壤施肥外，还可将一定量的肥料溶解于水中直接喷到叶上，也可用树干注射法追施，这两

种施肥方法称为根外追肥。根外追肥的优点是见效快、针对性强、节省肥料等，在某些情况下能解决土壤施肥不能解决的问题，在使叶片迅速吸收各种养分、保果壮果、调节树势、改善果实品质、矫治缺素症状、提高树体越冬抗寒性等方面具有很大作用。根外追肥虽有许多优点，但量少且维持时间不长，一般20天后作用就会消失。因此，根外追肥仅可作为土壤施肥的补充，大部分肥料还是要通过根部施肥来供应。

3. 施肥量

（1）基肥量：优质丰产的扁桃园，土壤有机质含量一般在1%以上，有的达到3%～5%，但大多数扁桃园有机质含量在1%以下，需要增加基肥施用量，提高土壤肥力。扁桃的主要食用器官是核仁，其脂肪含量高，应重点施足基肥，一年生幼树一般每株施优质有机肥15～20千克，初结果树20～50千克，成年大树60～100千克。将有机肥与过磷酸钙或三元复合肥混合后作基肥效果更好。如果考虑到改良土壤、培肥地力、提高土壤微生物活性等，基肥施用不仅要保证数量，还要保证质量。施用优质基肥效果较好，如鸡粪、羊粪、绿肥、圈肥、厩肥等，土粪肥、大粪干次之。在有草炭、泥炭的地区，可就地取材，沤制腐殖酸肥料（简称腐肥）作基肥，效果也很好。

（2）追肥量：为满足扁桃对氮的需求，应结合扁桃生长物候期和土壤肥力状况进行追肥，追肥的次数和时期与气候、土质、树龄等有关。一般在扁桃花前、花后、幼果发育期、花芽分化期及果实生长后期追肥。按实际需要追肥，生长前期以氮肥为主，后期以磷、钾肥为主，两者配合施用，每年每株施有机肥12～20千克、硫酸铵0.24千克、过磷酸钙0.7千克、钾肥0.07千克，即可基本满足果树对肥料的需求。幼树追肥次数宜少，随树龄增长和结果增多，追肥次数要逐渐增多，以调节生长和结果对营养竞争的矛盾。生产上，成龄扁桃园一般每年追肥2～4次。

(3)有机肥与化肥配合施用：有机肥既能提高土壤肥力，又能供应扁桃所需的营养元素。因此，对提高扁桃产量和品质有明显作用。试验证明，有机肥与化肥配合施用比单施化肥（在有效成分相同时）平均增产34.6%，大小年结果的产量差幅也显著降低。有机肥的比例，应根据各地情况按有效成分计算，一般应达到总肥量的30%以上。因此，应扩大肥源，增施有机肥，建立“以有机肥为主，有机肥与化肥相配合”的施肥模式。

（三）水分管理

扁桃幼果中含水约88%，碳水化合物、脂肪、蛋白质等物质约占12%。在果实的生长过程中，降雨或灌水既有利于果树根系对肥料的吸收，满足果树的蒸腾需要，从而促进生长、花芽分化及果实膨大，提高产量和品质，又能避免因

缺水而引起的对树体和果实生长的不良影响。

果树通过叶片的蒸腾作用吸收地下的矿物质，矿物质再经过叶片的同化作用，满足果树生长发育的需要。如果土壤中缺乏水分，果树根系从土壤中得不到所需求的水分，叶片就会从果实中夺走水分，以满足蒸腾的需要。也就是说，水分不足时，果实首先受到影响，轻则生长缓慢，重则停止生长，甚至萎蔫，而叶片在一定时期内仍保持正常状态。这是因为果树在干旱时树体具有抵抗外界不良环境影响，调节自身水分的特性。

1. 灌水

(1)灌溉时期：果园灌水的时期和次数不能硬性规定，要根据品种、当年降雨量和土壤种类而定。晚熟品种比早熟品种需水量大，干旱地区和降雨少的年份灌水量大、次数多，沙地果园或清耕果园要比保水、保墒好及采取保墒措施的果园灌溉多。

果树的一个生长周期可划分为五个时期，分别为封冻前、花前、花后、果实膨大期和采后。封冻前灌水应在果园耕作层冻结之前进行，有利于果树安全越冬和减轻风害。花前灌水可在果树萌芽后进行，有利于果树开花，新梢、叶片生长及坐果。花后灌水应在花后至生理落果前进行，以满足新梢生长对水分的需求，并可以缓解因新梢旺长而争夺果实的水分，从而提高坐果率。果实膨大期灌水有利于加速果实膨大,以增加单果质量和产量,并有利于花芽分化。采后灌水有利于根系吸收养分、补充树体营养亏虚和养分的积累。

(2)扁桃对土壤水分的要求:扁桃与土壤水分的生态关系,即果树对土壤干旱或湿涝的适应性,取决于树种的需水量和根系的吸水能力,同时也与土壤质地、结构有关。不同质地的土壤,田间最大持水量和容重不同,故其持水量也各异。果树的需水量是根据土壤原有湿度情况、根系分布深度和田间持水量等确定的,然后根据具体的土壤条件和土壤水分判断需水与否,并确定需水量。果树对土壤水分的适应性因根系和砧木的不同而不同,通常实生扁桃的根系深,表现为耐干旱,而嫁接的树体根系分布较浅,需水量则要大些。

果树所需的水分量与冠根比有关,树冠大,叶面积大,蒸腾量也大,则需水多。一切有利于地上部生长而不利于根系发育的因素,如早春地温低或多次灌水降低地温等,均会造成冠根比增大。

(3)灌溉方法:目前我国果园所采用的灌溉方式主要是地面灌溉,就是将水引入果园地表,借助于重力作用来湿润土壤的一种方式。地表灌溉通常在果树行间做埂,形成小区,水在地表漫流,从果树行间的一端流向另一端,故两端灌水量分布不均。每个小区灌溉结束时,

入水一端的灌水量往往过多，易造成深层渗漏，水的浪费问题严重。

①地表灌溉。漫灌条件下，水的浪费量主要取决于小区的长度和灌溉水面的宽度。灌溉小区越长，小区两端的土壤受水量差异就越大，水的深层渗漏量就越大，水的浪费就越严重。灌溉水面越宽，土壤表面的蒸发量就越大。同时，在灌溉后的一段时间，树体处于高消费阶段的时间延长，从而水的浪费量大。因此，缩短灌溉小区的长度可以减少水分深层渗漏。此外，只要一部分树体根系（树体总根系量的1/10～1/5）处于良好的水分条件下，就可以保证果树正常生长发育和结果。减小灌溉小区的宽度，也是采用漫灌时节水的主要途径。

目前，普遍采用的软管灌溉技术是减少水分深层渗漏的良好技术。在每一个树盘下做1个小畦，使用软管将水引到小畦内；或按树冠大小挖3～4个直径30～40厘米的穴，穴深40～50厘米，穴内填杂草，使用软管将水灌入穴内。软管灌溉通常使用浅井地下水，由于浅井出水量小、水位浅，软管可直接接在抽水机的出水口上，软管的输水距离可远至200～300米。

细流沟灌也是地表灌溉中较为节水的灌溉方式之一。在果树行间树冠下开1～2条深20～25厘米的沟，沟与水渠相连，将水引入沟内进行灌溉。开沟使用机械或畜力，开沟后要及时覆土保墒。沟灌不仅可以湿润沟底和沟两侧的土壤,还可以经过毛细管的作用湿润远离沟的土壤。细流沟灌水流缓慢,水流时间相对较长,土壤的结构较少受到破坏,且地表蒸发损失的水分也较少。

②喷灌。喷灌又称人工降雨,是模拟自然降雨状态,利用机械和动力设备将水射到空中,形成细小水滴来灌溉果园的技术。喷灌对土壤结构破坏性较小,与漫灌相比,能避免地面径流和水分深层渗漏,节约用水。喷灌技术能适应地形复杂的地面,且水在果园内分布均匀,避免了因漫灌尤其是全园漫灌造成的病害传播,并且容易实现灌溉自动化操作。

喷灌通常可分为树冠上和树冠下两种方式。树冠上灌溉,喷头设在树冠之上,喷头的射程较远,一般采用中射程或远射程喷头,并采用固定式的灌溉系统,包括竖管在内的所有灌溉设施在建园时应一次性建设好。树冠下灌溉,一般采用半固定式的灌溉系统,喷头设在树冠之下,喷头的射程相对较近,常使用近射程喷头,水泵、动力和干管是固定的,但支管、竖管和喷头可以移动。树冠下灌溉也可采用移动式的灌溉系统,除水源外,水泵、动力和管道均是可移动的。

③定位灌溉。定位灌溉是指只对一部分土壤进行定位灌溉的技术。一般来说,定位灌溉包括滴灌和微量喷灌(简

称微喷)两类。滴灌是通过管道系统把水输送到每一棵果树树冠下,由1至几个滴头(取决于果树栽植密度及树体的大小)将水一滴一滴地均匀且缓慢地注入土中(一般每个滴头的灌溉量是每小时2～8升)。微量喷灌的原理与喷灌类似,但喷头小,设置在树冠之下,雾化程度高,喷洒的距离小(一般直径在1米左右),每个喷头的出水量很少(通常为每小时30～60升)。定位灌溉只对部分土壤进行灌溉,较普通喷灌有节约用水的作用,能维持一定体积的土壤在较高的湿度水平上,有利于根系对水分的吸收。此外,定位灌溉还具有需要的水压低和加肥灌溉容易等优点。定位灌溉每一个滴头或喷头的出水量小,但滴头或喷头的密度大,所以需将灌溉设备一次安装好。

④地下灌溉(渗灌)。地下灌溉是利用埋设在地下的透水管道,将灌溉水输送到果树的根系分布层,借助毛细管的作用来湿润土壤,进而达到灌溉目的的一种灌溉方式。地下灌溉将灌溉水直接送到土壤里,不存在或很少有地表径流或地表蒸发等造成的水分损失,是节水能力很强的一种灌溉方式。

地下灌溉系统由水源、输水管道和渗水管道三部分组成,水源和输水管道与地面灌溉系统相同,渗水管道相当于定位灌溉系统中的毛细管,区别仅在于前者在地表,而后者在地下。现代化的地下灌溉系统的渗水管道常使用钻有小孔的塑料管，通常情况下也可以使用黏土烧管、瓦管、竹管等代替。

地下渗水管道的铺设深度一般为40～60厘米，主要考虑两个因素：一是地下渗水管道的抗压能力，即地上的机械作业会不会损坏管道；二是减少渗透，果树主要的根系通常分布在深20～80厘米的土层内，管道埋得较深，虽然可以避免损坏，但会加大灌溉水向深层土壤的渗透损失。

2. 排水

扁桃的根系不耐涝，在盐碱地或地势低洼的果园，地下水位高，排水不良，往往抑制其根系生长发育。因此，果园应设排水系统，它是保障扁桃树体正常生长与结果的有力措施。

排水沟有明沟和暗沟两种，明沟由总排水沟、干沟和支沟组成。支沟宽约50厘米，沟深至根层下约20厘米；干沟较支沟深约20厘米；总排水沟又较干沟深20厘米，沟底保持1%的比降。明沟排水的优点是投资少，缺点是占地多，易倒塌淤塞和滋生杂草，排水不畅，养护维修困难。

暗沟排水是在果园地下安设管道，将土壤中多余的水分由管道中排出。暗沟的系统与明沟相似，沟深与明沟相同或略深一些。暗沟可用砖、塑料管或瓦管做成，用砖做

时，在沿树行挖成的沟底侧放两排砖，两排砖之间相距13～15厘米，同排砖之间相距1～2厘米，在这两排砖上再平放一层砖，砖与砖之间紧砌，形成高约12厘米、宽15～18厘米的管道，上面用土回填好。暗管排水的优点是不占地，不影响机耕，排水效果好，可以排灌两用，养护负担轻；缺点是成本高，投资大，管道易被沉淀的泥沙堵塞。

山地扁桃园宜用排水沟排水，排水系统宜按自然水路网的分布，由集中的等高沟和总排水沟组成，排水沟的比降一般为0.3%～0.5%。在梯田式扁桃园中，排水沟应修在梯田内沿，比降与梯田一致。总排水沟应设立在集水线上，方向与等高线成正交或斜交。在有等高撩壕进行水土保持的情况下，集水沟应与扁桃行向一致。

3. 节水、保水措施

我国北方大部分地区干旱、半干旱，为了实现丰产、优质，必须适时、合理灌溉，合理灌溉也是扁桃高效栽培技术之一。要解决灌水问题，就需要一定的资金、人力、设施和机具，并要消耗相应的能源。在具备灌水条件的扁桃园，如果灌溉方法不合理，灌后又不采取相应的保水措施，会造成不必要的人力、物力、能源和水资源浪费，并加大生产成本的投入。

节水主要是通过对灌水方式的改进和采用保水措施，来提高灌溉水利用率，达到在灌溉中节约用水的目的。在扁桃园采用先进的灌水技术,可节约大量水资源,如采用喷灌方式比传统的地面漫灌方式可节水75%~80%,采用滴灌方式比地面漫灌方式可节水80%~92%。在采用先进灌溉方式的同时,结合地面覆盖等保水措施,可大大提高水的利用率,从而减少灌溉次数和用水量。

扁桃园应采取节水、保水等措施。在有灌溉条件的扁桃园采取节水措施,可减少灌水量和灌水次数;在没有灌溉条件的扁桃园采取保水措施,可不同程度地缓解需水和缺水的矛盾。在扁桃园采取保水措施同建设灌溉工程相比,具有可就地取材、简便易行、投资少、效果好等优点。国外对自然降雨的利用率可达到80%左右,而我国仅在40%~50%。扁桃园节水、保水措施主要有:

(1)深翻松土:一般在秋后结合施基肥和清园对扁桃园进行深翻。深翻可以改善土壤结构,保持秋、冬季的雨雪。松土保墒是指每次灌水或降雨后,采用人力或机械及时进行松土保墒,一是结合中耕松土,清除杂草,减少杂草与扁桃争水、争肥的矛盾;二是可以防止土壤板结,减少地面水分蒸发,从而达到保水的目的。

(2)改良土壤:改良土壤主要是调节土壤的结构组成。各种土壤因所含泥沙比例不同,其田间持水量也不同,黏土粒具有较大的吸收面和吸附性,所以黏性土保水、保肥能力高于沙性土。沙土园要拉淤压沙,改变土壤结构,提高扁桃

园的保水、保肥能力。

无论何种类型的土壤增施有机肥料，都会明显提高土壤保水、保肥的能力。施入土壤的有机肥可矿化分解为腐殖质，腐殖质是一种有机胶体，具有很好的吸收和保持水分、养分的性能，可吸收自身体积5～6倍的水分，比吸水性强的黏土粒还要高10倍左右。

(3)覆盖：覆盖保墒是通过早春覆盖农膜、作物秸秆或绿肥来减少土壤水分蒸发，从而达到保水的目的。北方地区春季少雨、干旱、多风，土壤水分蒸发较快，常造成扁桃园严重缺水，从而影响扁桃萌芽、开花对水分的需求。采用地膜覆盖，可减少土壤水分蒸发，不仅可提高土壤水分含量，还可提高地温，促进根系吸收水分。扁桃园覆膜试验表明，在不灌溉的条件下，行间覆膜和对照相比，早春0～20厘米土壤层的含水量可提高1%～2%。

在扁桃树行间或全园覆盖一定厚度的秸秆，具有良好的保水、增肥和降温作用。此法可就地取材，简便易行，无论平地或山地扁桃园均可使用。对无灌溉条件的山地扁桃园，此法可缓解扁桃需水和土壤供水的矛盾。

在扁桃园行间间作各种适宜的绿肥作物，对于充分利用土地、水分、光能，培肥改土，增加有机质肥源及节水保水等方面均有良好的效果，且投资少、简便易行。在扁桃园可利用的空闲地间作用于覆盖的绿肥作物，会使土壤水分由地表蒸发改为植物蒸腾，可减少水分损失。同时，将绿肥的鲜体部分刈割覆盖在树下，又能起到保墒和增肥作用。试验结果证明，覆盖不仅可使 0～20 厘米的土壤含水量比清耕后提高 1%～2%，而且可使夏季地表温度下降 5～8 ℃，土壤有机质含量提高 0.1%～0.3%，果实累计增产约 30%。

(4)使用保水剂：保水剂是一种高分子树脂化工产品，外观像盐粒，无毒、无味，是白色或微黄色的中性小颗粒，遇水后能在极短时间内吸水膨胀 350～800 倍，并形成胶体，即使施加压力也不会把水挤出来。保水剂在土壤中就像一个贮水的调节器，降雨时贮存雨水，并牢固地保持在土壤中；干旱时释放水分，持续不断地供给扁桃根系吸收。另外，由于其放水时本身不断收缩，逐渐腾出了所占据的空间，又有利于增加土壤中的空气含量，这样就能避免出现由于灌溉或雨水过多而产生的土壤氧气不足现象。它不仅能吸收雨水和灌溉水，还能从大气中吸收水分，在土壤中反复吸水，可在土壤中连续使用 3～5 年。试验表明，采用盆内土壤与保水剂的质量比分别为 350∶1、700∶1、1 050∶1、1 400∶1 和对照等处理，连续两年每年对盆内土壤的含水量进行 13 次测定，最终对照组盆内土壤的含水量为 11.67%，而使用保水剂的盆内土壤的含水量平均依次为 14.45%、14.55%、13.27% 和 13.97%，含水量提高了

1.60%～2.88%。从第1年栽后的调查结果看，对照树发芽晚，成活率只有80%，而使用保水剂的扁桃树成活率为100%。同时，在扁桃新梢生长长度、数量、干周粗度等方面，使用保水剂的扁桃树的各项指标均高于对照树。

(5)贮水窖：在干旱少雨的北方地区，雨量分布不均匀，大多集中在7～9月份，造成大量水分流失，所以贮水显得十分重要。贮水有两种方式，一是在树冠外沿投影处挖3～4个深度为60～80厘米、直径为30～40厘米的坑，在坑内放置作物秸秆，封口时坑要低于地面，以便于集中雨水。二是在扁桃园地势比较低、雨后易留水的地方往下挖一个贮水窖，贮水窖的大小要根据扁桃园降雨量多少而定。贮水窖挖好后，将地表和四壁用砖砌起来，再用水泥粉刷一遍，防止水分渗漏，然后盖住窖口以减少水分蒸发。下雨时打开进水口，让雨水流入窖内，雨后再把口盖住。

七 病虫害综合防治技术

扁桃病虫害防治要认真贯彻执行“预防为主，综合防治”的植保总方针，在病虫害发生之前采取积极措施，通过农业及生物、物理、化学等多种防治手段，把病虫害控制在经济危害水平之下，达到增产、增收和提高经济效益的目的。

(一)主要病害防治技术

在世界范围内，扁桃的病虫害有很多种类，虽然因国家和地区而有差异，但随着栽培面积的扩大，始终呈现增加的趋势。

1. 缩叶病

缩叶病主要危害扁桃、油桃及李属其他植物，在我国各地分布广泛。

(1)症状：该病由桃缩叶病病菌引起，主要危害叶、嫩梢、花及幼果。病叶呈波浪状皱缩卷曲，呈红色。随着叶片长大，叶片边缘逐渐向叶背卷曲，叶肉变厚而脆，颜色渐变为红褐色；至春末夏初，叶面发生白粉(即子囊层)，最后病

叶逐渐干枯脱落。幼嫩新梢受害后呈灰绿或黄色，枝条节间变短、粗肿，叶片多丛生卷曲。幼果被害后呈畸形，果面龟裂后脱落。

(2)发病规律：病菌以芽生孢子附着于枝或芽鳞上越冬，第2年春天发芽时，病原物的孢子便萌发，产生芽管侵入嫩芽或幼叶。当早春气温较冷且湿润时最易发病，10～16 ℃最适宜，20 ℃以上则发病停滞。

(3)防治方法：

①物理防治。以加强桃园管理、清除初侵染源为主要措施。发病严重的地块应及时追肥、灌水，以增强树势，提高植株的抗病力。在病叶表面尚未形成白色粉状物前应及时摘除病叶，以减少传染的菌源。

②药剂防治。在春季芽开始萌动时，喷3～5波美度石硫合剂或波尔多液(1∶1∶160)，一般喷一次即可控制病害发生。普遍发生时，可用多菌灵800倍液喷雾。

2. 穿孔病

该病在扁桃产区发生普遍，主要危害叶片和果实，引起早期落叶，树势衰弱，部分果实提前脱落，影响产量。该病除危害扁桃外，还危害李、梅、杏、樱桃等。

(1)症状：叶受侵害后在叶面出现不规则的褐色斑块，温度较低时病斑呈紫色，在较高温度下病斑则发展迅速呈褐色，病斑周围有黄绿色晕环。天气潮湿时，病部溢出黏性菌脓，不久病部干枯并脱落穿孔。枝梢受害会造成溃疡，新梢和果实上的病斑与叶相似，潮湿时亦长出霉层。

(2)发病规律：在枝的感染部位越冬病原菌在4月份以后随温度的上升而出现，并于4月下旬左右随风雨、昆虫传播，5～6月份多雨时发病加重，病斑发生在叶、果实及枝条上。

(3)防治方法：

①物理防治。结合冬季清园，剪去病枝并集中烧毁。生长季加强肥水管理，增强树势，保持适度结果量，提高树体抗病能力。

②药剂防治。发芽前喷3～5波美度石硫合剂。展叶后发病前可喷硫酸锌石灰液(硫酸锌1份、消石灰4份、水240份)或抗生素类药物，如农用硫酸链霉素等。

3. 褐腐病

褐腐病又称果腐病，是扁桃、李等果树的主要病害，在我国分布广泛。

(1)症状：褐腐病可危害花、叶、枝梢及果实等部位，果实常受害最重。花受害后变褐、枯死，常残留于枝上，长久不落。嫩叶受害后自叶缘开始变褐，很快扩展至全叶。病

菌通过花梗和叶柄向下蔓延到嫩枝，形成长圆形溃疡斑，常引发流胶。空气湿度大时，病斑上会长出灰色霉丛。当病斑环绕枝条一周时，可引起枝梢枯死。果实自幼果至成熟期都能受侵染，近成熟果受害较重。

(2)发病规律：病菌主要以菌丝体在僵果或枝梢溃疡斑等病变组织内越冬，第2年春产生大量分生孢子，借风雨、昆虫传播，通过病虫及机械伤口侵入果树。在适宜条件下，病部表面会长出大量分生孢子，引起再次侵染。在贮藏期间，健果与病果接触能被传染。花期低温多雨易引起花腐、枝腐或叶腐。果熟期间高温多雨、空气湿度大，易引起果腐，且有伤口的果实和裂果发病率更高。

(3)防治方法：

①物理防治。冬季彻底清除树上、树下的病枝、病果和病叶，并集中烧毁或深埋，以消灭越冬菌源。

②药剂防治。在发病严重的地区，于初花期喷布70%甲基托布津800～1 000倍液。无病园于花后10天左右喷布65%代森锌500倍液，或50%代森铵800～1 000倍液，或70%甲基托布津800～1 000倍液。之后，每隔半个月左右喷1～2次，果实成熟前1个月左右再喷1～2次。

4. 炭疽病

该病发生范围广,我国各产区均有发生,主要危害果实和枝条,叶片发生较轻。果实受害后会提早脱落,苗木亦可受害,常变黑枯死。

(1)症状:病菌的白色菌丝体常出现于染病裂开的干果上,在潮湿的条件下,分生孢子可在发病组织上大量产生,并通过雨水飞溅传播,花器、叶片、果实均可感染。花器感染后逐渐枯褐,并有枯黄色孢子出现在花冠上。叶片感染后,叶缘或叶尖先产生黄色不规则的病斑,少量枯黄色的病斑在果实表面,这是果实感染初期的典型症状。果实感染后,常发展到果心,感染后期(大约在6月份)病斑颜色由枯黄渐变至棕褐色,并常发展成多种多样的琥珀色胶状体。随着季节的改变(时间的推移),受感染的果实逐渐木质化,结果刺激枝、叶甚至大枝枯萎。叶片衰弱、变黄也是枯萎的征兆。

(2)发病规律:病菌以菌丝体在病枝、病果上越冬,翌年夏季以分生孢子随风雨传播。病菌侵染新梢及幼果,一般6月上旬新梢发病,6月下旬至7月上旬果实开始发病,严重时7月中下旬果实开始脱落。最适宜该菌的温度为25 ℃,夏季多雨的年份果树发病重。

(3)防治方法:冬季结合修剪和清园,彻底清除僵果、枯

枝等病残体。重发病园，春季发芽前对树冠喷一次福美砷。果实生长期注意改善园内通风条件，及时摘除病果并深埋，必要时用药剂保护。

5. 流胶病

扁桃流胶病为一种生理性病害，是扁桃的一种主要病害，广泛分布于我国扁桃栽培区。

(1)症状：枝干发病时，胶状物从树干、树枝等新梢的虫孔、伤口处流出，颜色淡黄透明，凝结后变红。果实发病时，由核心分泌黄色胶质，溢出果面，病部硬化。

(2)发病规律：该病是一种生理病害，发生在幼嫩的木质部，一般会向着枝干垂直的方向增生特大的厚壁细胞。当此种细胞聚集到很大数量时，胞间各种物质会逐渐加厚并散开。随着厚壁细胞陆续增生，细胞壁会随之脱落并液化，同时细胞内的淀粉也会开始溶解。最终，由于厚壁细胞不断增生，细胞壁液化和淀粉溶解等不断进行，胶质不断增加，形成了流胶病，一般春季发生最盛。

(3)防治方法：

①物理防治。选抗病力强的品种，在保肥保水能力强的地块建园。建园后加强果园综合管理，增施有机肥料，及时排涝、防旱，改善土壤理化性质。合理修剪，以增强树势，

提高树体抗病能力。

②化学防治。病部刮胶涂药，冬季或3～5月份雨季前，将流胶部位的发病组织剔除，伤口涂5波美度石硫合剂，然后涂白铅油保护剂；或用0.1%龙胆紫水剂消毒后，涂多菌灵50倍液或40%福星乳油500倍液，并外涂伤口愈合剂保护伤口。树体喷药保护，在初春扁桃萌芽期（芽已萌动仅有个别露白时）喷3～5波美度石硫合剂或40%福美砷可湿性粉剂100倍液或40%福星乳油2 000倍液，以压低病虫基数。在生长季节，定期对树体喷药防治，药剂可选用70%甲基硫菌灵可湿性粉剂800倍液、50%多菌灵可湿性粉剂600倍液、80%大生可湿性粉剂800倍液、50%扑海因可湿性粉剂1 200倍液或40%福星乳油6 000倍液，间隔期10～15天，交替使用。

6. 叶枯病

此病在我国广大地区普遍发生，一般老果树产区较新区发病严重。

(1)症状：叶枯病可导致叶片很快枯死。从春季到整个夏季该病都可发生，使叶片萎蔫、变褐，直至死亡。新枝上的腋芽也因其上的叶片被害而遭受侵染，在秋季枯死。一般地，被叶枯病危害的叶片到翌年发芽都不脱落。病菌以黑色子实体在枯叶上越冬，孢子呈黑色，稍有弯曲，常常由

4～5个细胞组成。

(2)防治方法：由于病部不易脱落(冬季树上尤为明显)，修剪时可彻底清除枯枝，归类收集，及时烧毁。在菌源生长季节，根据天气预报，雨水较多时注意喷杀菌剂防治。

(二)主要虫害防治技术

1. 梨小食心虫

该虫是一种遍布全世界的落叶果树害虫，最喜欢的寄主为蔷薇植物。该害虫造成的经济损失桃和油桃最大。梨小食心虫还危害李、苹果、樱桃、杏等果树，主要危害新梢和果实。

(1)发生规律：梨小食心虫每年最少发生3代(干旱)，多雨年份代数增加，最多可发生7代。以老熟幼虫在树皮裂缝及树干基部的土、石缝等处结茧越冬，翌年4月上旬开始化蛹。成虫羽化后主要产卵在新梢上，一头雌虫产卵50～100粒。幼虫对果实和新梢都有危害，受害梢常流出大量树胶，梢顶端的叶片先枯萎，然后干枯下垂，此时幼虫多已转移。一头幼虫可转移危害2～3个新梢。1～2代害虫主要危害核果类，7月份以后主要危害果实。幼虫可从任何部位蛀入果中，在近成熟的果上蛀道危害。梨小食心虫原来在扁桃上危害不重，被害果不足0.2%，但后来在有些地方开始危害扁桃核仁。在果实开裂期，梨小食心虫从幼茎通过裂口处进入果核。

(2)防治方法：

①诱杀。4 月下旬起，扁桃园悬挂梨小食心虫诱芯，每 10 米一枚(多一些更好)，每月一次，每年 2～3 次，诱杀成虫。此法成本低、防效好、无污染，值得提倡。

②减少虫源基数。冬季刮老、翘树皮，集中烧毁；春季发现新梢顶端叶片变色、萎蔫时，及时剪除被害梢。

③喷洒药剂。异常年份，或者因其他原因失控时，可选用 1.8%阿维虫清 3 000 倍液，或 25%灭幼脲 3 号 1 000～2 000 倍液，或 2.5%绿色功夫乳油 4 000～5 000 倍液喷洒防治。

2. 桃蚜

桃蚜分布范围很广，危害的果树有扁桃、桃、李、杏、樱桃、梨、瓜菜等。

(1)发生规律：桃蚜一年发生十余代，以卵在扁桃及其他核果类果树的枝条上、芽旁、裂缝等处越冬，第 2 年春即 3 月下旬开始孵化。若虫群集于幼芽上危害。展叶后，成虫及若虫群集于叶背吸食，继续胎生小蚜虫，繁殖很快。被害叶向背面不规则卷曲，有黏液。该虫 5 月上旬繁殖最快，危害最严重，且有翅胎生雌蚜可飞至马铃薯等其他作物上危

害，其后至10月晚秋又胎生有翅雌蚜，在扁桃、桃等果树上产卵越冬。

（2）防治方法：在扁桃发芽前结合防治叶螨或介壳虫，喷布含油量为95%的机油乳剂100倍液，杀灭越冬卵。扁桃开花前或落花后及时喷洒药剂防治，可选用50%辟蚜雾可湿性粉剂、爱美乐水分散粒剂、1.8%阿维虫清、52.25%农地乐乳油、20%康福多或20%速灭杀丁乳油等（按说明浓度使用）。保护天敌，桃蚜的天敌有瓢虫、草蛉、食蚜蝇等。

3. 杏球蚧

杏球蚧除危害扁桃、杏、桃、李外，还危害苹果、梨等。

（1）发生规律：一年发生一代，以二龄若虫在小枝上越冬，翌年3月中下旬开始活动，群居枝上危害。4月中旬雌、雄性分化，雌虫体迅速增大；雄虫体外覆一层白蜡，在蜡壳内化蛹，羽化盛期在4月下旬。雌、雄交尾后雄虫即死亡，雌虫开始分泌黏液，5月上旬形成介壳后即开始产卵，5月中下旬卵开始孵化成若虫。孵出的若虫爬行很快，到其他枝、叶及果实上危害。9月份若虫体分泌一层白蜡形成介壳，准备过冬。

（2）防治方法：

①结合冬季修剪，剪去介壳虫寄生严重的枝条并集中

烧毁。

②5 月中旬到 7 月中旬不用广谱性杀虫剂，以保护其天敌，其天敌有黑缘红瓢虫等。

③越冬虫量较多的果园，在树体发芽前喷 5 波美度石硫合剂 1～2 次，或 5%机油乳剂。5 月中下旬可喷蚧死净乳油 1 000～1 500 倍液或 20%好安威乳油 1 500 倍液。

4. 茶翅蝽

茶翅蝽又称臭椿象，俗称臭板虫。该虫以成虫和若虫刺吸果实、叶片和枝条，刺吸果实造成坚果流胶、脱落、畸形或发育不良。在坚果成熟时，常发现表面有一黑斑，乃茶翅蝽刺吸的印记。

(1)发生规律：该虫一年发生 1～2 代，以成虫在屋檐下、草堆、石缝以及树洞等处越冬，翌年 5 月份陆续出蛰危害。该虫 6 月份产卵，卵多产于叶片背面，每 20～30 粒成块。若虫在 7 月上旬开始出现，孵化后围绕卵壳群栖数小时。8 月中旬为成虫出现盛期，9 月下旬成虫陆续越冬。

(2)防治方法：

①清除果园附近的杂草。5 月份以前，在凉爽的早晨摇树，在地面人工捕捉越冬成虫，或用药防治。

②高温时期可在果园悬挂驱蝽王，每亩 40～60 支，以

驱赶臭蝽象。

③6～7月应经常注意检查，若发现卵块应及时消灭。如果发现多数卵块已孵化，可选用绿色功夫、爱闰乐、来福灵或保得喷雾防治一次。

5. 山楂红蜘蛛

山楂红蜘蛛又名山楂叶螨或樱桃红蜘蛛，属蜱螨目叶螨科。该虫除危害扁桃外，还危害苹果、梨、桃、李、杏、山楂和樱桃等果树。山楂红蜘蛛个体极小，常群聚于叶背拉丝结网，于网下用口器刺入叶肉组织内吸汁危害。被侵害的果树叶片正面呈现块状失绿斑点，叶背呈褐色，容易脱落。该虫是一种寄主范围广泛的果树害虫。

(1)发生规律：山楂红蜘蛛一年发生5～9代，以受精雌成虫在树干、枝的翘皮缝隙内或树干基部的土缝内越冬，大发生年份还可在落叶、枯草中越冬。越冬的成虫在翌年花芽膨大时开始出蛰，上树活动，先危害芽的鳞片或花，展叶后转移到叶背上吸食，10余天后在叶上产卵。若虫孵化后，群集于叶背吸食危害。这时越冬雌虫大部分死亡，新出现的雌虫还未产卵，通过用药防治比较困难。5～6月和7～8月该虫繁殖快，危害重，常引起大量落叶。7月下旬出现鲜红色的越冬雌虫。一般9月份以后陆续发生越冬雌虫，潜伏越冬。

(2)防治方法：

①在休眠期清除落叶，刮除老皮和粗皮，深翻树盘，消灭越冬雌虫。

②于发芽前喷3～5波美度石硫合剂，在越冬雌虫开始出蛰，而花芽、幼叶未开裂前用药最好。

③进入生长期后应当做好预测工作，如测螨量和查分布密度最高区等。在生长前期，单叶平均螨量达到4～5头时，考虑用药；在生长中期，单叶螨量平均达到6～8头时可用药。应当注意的是，喷药重点是螨量分布密度高的区，且不可全株喷雾，根据气温、用药方式等情况选药。

6. 脐橙蛾

脐橙蛾又名脐橙螟或蛀虫，是危害扁桃的主要害虫之一，因1921年在美国亚利桑那州发现其在脐橙中危害致腐而得名。在扁桃、胡桃、阿月浑子等坚果上危害较为严重，其他的寄主为浆果石榴、核果、苹果、无花果、柚子以及其他干果、荚果和坚果等。

(1)发生规律：脐橙蛾没有滞育现象，以各种虫态在树上或地面的僵果中越冬。春季随着气温升高开始发育，3月下旬到5月份陆续进入成虫期。雌虫交尾后飞到树上残存的僵果上产卵，僵果或果实是唯一的越冬场所，果实是幼虫唯一的食物。雌虫在4～5月份产卵，当年第一

代蛾出现在6月下旬至7月上旬，这一时期的卵多出现在当年幼果上；第二代蛾出现于8～10月份，产卵于近成熟的果面上，多在夏末产卵，第二代也叫越冬代，这一代的成虫出现在翌年春季。脐橙蛾幼虫能从很微小的孔进入果核并蛀食核仁，7月份寄生的坚果到了收获季节，核仁常被一头或多头幼虫食之一空，导致收获后的危害加重，并造成贮藏困难。

(2)防治方法：综合防治包括果园提前清园、迅速收获和果实及时熏蒸等。如有必要，在春季或果实脱皮裂口时喷药。12月份到翌年2月份，尽可能清除树上的僵果；3月中旬前，将落入地面杂草中的次果收集破碎。清理果园可使生长季节脐橙蛾发生率降低70%。

如果果园没有得到及时清理，并且收获早期未进行预测，夏季就要使用杀虫剂防治。防治该虫主要有两个时期，第一个时期是5月份，即当年第一代幼虫开始危害僵果的时期；第二个时期是7月份，即果皮开裂的时期。如果已经危害，5月的防治更重要，因为果皮开裂后防治更加困难。

7. 桃蛀螟

该虫是扁桃和桃的主要害虫之一，也危害其他核果。

(1)发生规律：以一、二龄幼虫在1～3年生枝的丫杈、皮下做巢越冬，没有明显休眠特性，在温暖天气仍可活动取食。从开花到落花期，越冬幼虫出巢转移到小枝上危害芽，一头幼虫可危害几个芽。随着芽萌发，幼虫在嫩枝中发育，从而导致枝条萎蔫、下垂，幼虫老熟，离开嫩枝，在树上寻找适当场所化蛹。越冬代成虫在4～5月份出现，产卵于枝梢、幼叶上，有时也产卵在幼果上。5～7月份幼虫发生，当年第一代成虫出现在6月下旬至7月上旬，这一时期的成虫产卵于近成熟的果实上，并持续到8月份。幼虫不结网丝，取食果皮，也危害果仁，引起果皮残缺，且对扁桃核仁直接危害。幼虫危害后可吸引脐橙蛾雌虫前来产卵，因此桃蛀螟的危害还可以引起脐橙蛾面积传播。

(2)防治方法：较有效的防治方法是在休眠期将矿物油乳剂和磷杀虫剂直接喷布于越冬部位，消灭幼虫，有效率可达95%以上。此后，在生长季节也要注意防治，同时该虫对有机磷农药易产生抗性。防治该虫的药剂有Bt乳剂，第一次在花蕾期到含苞待放之间喷洒，第二次在花盛开期喷洒，如此可将幼虫消灭在向芽上转移的过程中，具体的用药时间还要根据不同地区和时期适当确定。诱捕装置于3月20日前挂入果园，将诱捕器挂在树北侧，约一人高，每园5个。为了方便，可将诱捕器装置挂在脐橙蛾

捕卵器上或附近，每两周更换一次药芯，每月底换一次粘板。如果每个诱捕器捕获蛾子超过150头，或遇到多尘天气，应换粘板。每天记载每个诱捕器中的虫量，或至少每周记载2次。当出现第一次成虫时，要开始每天一次记载。如果诱捕器在4月下旬捕获大量蛾子，则表明在休眠期的防治是不成功的。许多捕食和寄生天敌对桃蛀螟的卵和幼虫具有控制作用，但最新的研究显示，由这些天敌控制起不到明显作用。

8. 圆盾蚧

该虫是落叶果树上的主要害虫，寄主有700多种植物，更喜欢危害蔷薇科的李属和其他近缘科植物。虽然扁桃不是该虫的最初寄主，但也能在其枝上造成危害，引起减产。

(1)发生规律：圆盾蚧生活于树枝和皮上，也危害果实，在光皮核果类品种上尤其严重，当种群量大时，叶也受害。该虫一年发生三代，以二龄若虫在介壳下越冬，还有大约占总数20%的受精雌虫越冬，越冬场所为树体枝干。随着气候变暖，若虫开始发育，3～4月份出现雌成虫和带翅雄虫；4～5月，越冬代雌虫（第四代）成熟，且有雄成虫在6月飞行；以后两代有雄虫出现，分别在7～8月份和9～10月份；越冬代幼虫出现于10～11月份，即为翌春第四代成虫的前身。

(2)防治方法:虽然果园内存在几种捕食性或寄生性天敌,但常常不能控制圆盾蚧种群在危害损失水平以下,特别是使用杀虫剂防治其他害虫时对这些天敌还有杀伤作用。因此,必须用杀虫剂进行防治。休眠期防治是一个较好的选择,因为此时期圆盾蚧在枝上寄生,同时,此时用药还可避免对天敌的伤害。在休眠期修剪对种群量有降低作用。如果5月份出现较大种群量,防治是必要的,可利用物候学方法预测若虫出现的时期。圆盾蚧发生的最低温为10.51 ℃,最高温为32 ℃。可在2月底用4～5个诱捕器确定5月份适当的防治期。晚秋或收获后防治已不重要,可与休眠期防治结合起来进行,所用药剂有1%～5%机油乳剂及爱美乐水分散粒剂等。

八 采收与采后处理

(一)采收

1. 采收期的确定

确定一个合适的采收期对于保证果仁的优良品质有着十分重要的意义。采收时期因品种及地区而异,一般早熟品种 8 月上旬成熟,晚熟品种 9 月上中旬成熟。比较准确的判断标准是果实发育的时间,早熟品种 110 天,中熟品种 125 天,晚熟品种 140 天。同一品种一般在炎热干旱的地区成熟较早,而在湿润凉爽的地区较晚。

扁桃的果实从形态上可分为种壳(内果皮)和外皮(外、中果皮),当扁桃果实成熟时,会出现明显的标志,即外、中果皮变黄并沿缝合线部分开裂或全部开裂,且开裂后逐渐干缩,从而很容易与内果皮分开,使果核外露。在树上,果实成熟的先后顺序是由树冠外围开始到树冠内膛。因此,当发现树冠内部果实开裂成熟时,就可进行采收了。采收一定要及时,如果采收时间过早,如提前 10 天左右采收会使果皮不易剥落,并且发干、发硬、变黑,影响核仁品质,种仁重量可减少20%,出油率也降低,同时采收时果实不易从树上脱落,伤枝严重。相反,如果采收时间过晚,果皮、果肉会干缩、硬化,核仁发黑,导致食用价值降低,特别是一些纸壳类型的品种,受到的影响会更严重。而且过晚采收,一方面易遭鸟害,另一方面果核落地后,因不易收集而影响产量。所以,适时采收是获得丰产、保证果仁质量的重要环节,一定要适时采收。

2. 采收方法

目前,扁桃的采收方法主要有两种,一种是人工采收,另一种是机械采收。我国的劳动力资源相对便宜,以人工采收为主,而国外多数国家在扁桃采收方面已用机械化代替手工劳动,大大提高了采收效率,节省了采收时间。

(1)人工采收:人工采收在我国较为常见。在采收前,要根据扁桃树所在地的地形以及树冠大小决定如何采摘。扁桃生长的位置不同,果实成熟期也不一致,一般采摘扁桃果实时应先采山坡、后采山顶,先采阳坡、后采阴坡,先采背风坡、后采迎风坡,做到"熟一片采一片,不熟不采"。成熟不一致的,要分批采收,同时要严格按品种分别采收,分别加工。

在平地或者是树冠较小时,可直接手工采摘,将果实采下放入提篮、布袋或竹筐中,并在采摘过程结束后把果实集中于运输车上,运至晾晒场进行晾晒。

在山坡地或者树冠较大时，手工采摘很不方便，一般事先在扁桃树盘内铺上帆布或塑料布，而后用长竿或者木棒敲打、摇动树枝，使果实落到帆布或塑料布上，再进行收集。但需注意不要用力过猛，以防敲打时损伤到枝叶，影响翌年产量。如果有条件，最好用橡皮包裹木棒，可以减少敲击时枝叶的损伤。当树冠过大时，采摘人员可攀登到树上，用较短的木棒轻轻击打树上结有果实的枝条，也可使果实掉落到塑料布上。

在大面积的生产园，为提高采收速度，在有条件的情况下可使用采收车，以提高收集果实的效率。采收车可自由移动，车上有固定的箱子，用来装采好的果实，另外还有收集布，用来收集果实。收集布的一端固定于车厢的一侧，移动时，将布从另一端折叠于车厢上就可随车移动。在使用时，先将车放于适当位置，然后拉开布，铺于树冠下，收集掉落的果实。一株树收集结束后，将布的另一端拉向车厢，果实即进入车厢。如此反复进行，比铺塑料布收集的效率高得多。

(2)机械采收：机械采收就是用机械将树桩或树干夹住后晃动树体，将果实晃落到地面后收集，具有省时、省力、高效率、低成本的特点。以美国为例，其在扁桃采收方面有一个完整的作业系统，由“振落机—堆积机—自动运输箱—去皮机—洗涤机—干燥机—去壳机”组成。虽然我国目前还没有实现机械化采收，但随着经济的不断发展，扁桃栽培事业的不断进步，采收全面机械化必将实现。

采收机械包括振落机（摇动机）、捡拾机、堆积机及其他运输设备等。在采收过程中，首先要摇落果实，即用机械手臂抓紧树体主干或主枝，然后按一定的频率震动，果实就会落下。注意频率过大会损伤树体，过小则不易使果实掉落。其次要捡拾果实，用捡拾机和堆积机将树下的果实收集好。注意在整个过程中应禁用可能造成果实机械损伤的工具、容器或采收运送方法等。

（二）采后处理

1. 脱皮及取仁

除仁、肉兼用品种和利用果肉的品种在扁桃果采收后需人工细心捏取果核以保持果肉质量外，一般扁桃经过晾晒后用滚筒或木棒敲打等方法使果肉与果核分开，然后经过簸扬或人工捡核的办法取出果核。

用去皮机脱皮的方法快速有效，而且在果皮潮湿的情况下更易脱皮，所以在把果实放入去皮机前可以适当地给果实喷些水，这样可以防止因果皮干燥而在脱皮过程中发生核壳破碎，从而保证果实去皮后完整。

用化学试剂脱皮可采用5 000 毫克/千克的乙烯溶液浸泡 5 分钟，泡后将果捞出来放在相对湿度为 75%～80%、温度维持在 28～30 ℃的地方保持 50 个小时，果皮即可分离，

一般扁桃的脱青皮率可达95%以上。

晾晒脱皮后的果核内含有大量水分，应摊放在阳光充足的地方进行晾晒或者进行人工烘干，切忌暴晒，否则种仁易变黑。在此期间要不断翻动，一般5～6天后即可完全干透。摇动时果仁若发出响声，即可收存起来，准备破核取仁。此时果核的含水量应控制在5%～7%，不能超过10%。晾干的果核呈乳白色而有光泽，若颜色发暗应用次氯酸钠进行漂白处理。在陶瓷缸内倒入次氯酸钠质量5～7倍的清水，以溶解次氯酸钠，然后将刚洗净的扁桃核果倒入缸内，使漂白液浸没核果，搅拌3～5分钟，待核果由亮色变白时立即捞出，用清水冲洗掉次氯酸钠溶液，洗干净后晾干备用。

晾干后，将核果装袋置于干燥(湿度在10%以下)、冷凉、通风的室内，为以后破壳取仁做好准备。如果扁桃核没有完全晒干，内部的果仁就会发生霉坏或浸油等变质现象。为防止此现象发生，应当强调带核晾晒，这样既可使果仁水分蒸发，又可保证果仁质量。因此，晾晒扁桃核对提高种仁质量具有重要作用。

2. 破壳取仁

破壳的方法有手工破壳和机械破壳两种。

(1)手工破壳：左手拇指和食指捏紧扁桃核的两端，右手持小锤敲击核棱，不要用力过猛，防止伤手以及砸碎核仁。这种方法虽然有很高的出仁率，但效率太低，不宜在大量生产中使用。另外，也可以用绳套法或挖穴法。绳套法，即用绳索圈成茶杯口大小的套，放在平稳的木墩或石板上，将一把果核放入绳套中，用硬木或平底石头砸击，果核受震即碎。用石头或者硬木板等砸破果壳取仁时，要适度用力，保证果仁的完整性。挖穴法，即在砖块或平整的石板上挖若干个穴，穴深约为半个果核的高度，将果核放入小穴内，用木板砸击，核碎仁出。

(2)机械破壳:通常采用压核机压碎壳取仁，每天可压核 500～1 750 千克，效率远高于手工破壳，但在压核时要注意破碎率和破皮率。压核前应将果核过筛分成大、中、小三等，压核时通过调整两个压辊的距离，分别按大、中、小三个等级挤压，可以有效提高扁桃仁的等级和效益。

3. 选仁分装

破壳后，果仁和碎壳混在一起，需要把各个级别的果仁分选出来，可用风车或簸箕先扇去一部分核皮，然后挑选。也可用滑板选仁法，即将一木板斜放在席子上(斜度约为35°)，将混合的仁和皮顺木板滑下，并不断左右摇摆，由于仁滑皮糙，果仁先滚入席中，大部分核应在簸箕或滑板上，然后稍经挑选，仁、皮即可分开。选仁时，要将损伤粒、未破开的小果核及杂质等分别存放，不能混入好果仁内。损伤粒包括半粒、虫蛀粒、伤疤粒、破碎粒、不熟粒、霉坏粒、出油

粒等。扁桃仁一般分4个等级：

特等：无破碎、无破皮，单个仁体在1克以上。

一等：无破皮，单个仁体在1克以上。

二等：无破碎，有30%的破皮。

三等：有10%的破碎、20%的破皮，单个仁体在1克以下。

选好后，根据分级进行包装。

4. 贮藏技术

研究表明，和其他果品相比，扁桃种仁的生理代谢变化和成分变化相对比较稳定，这就使扁桃有着比其他果品相对更长的贮藏期。但在扁桃不立即出售或加工的情况下，必须为扁桃提供一个适宜的贮藏条件，并采用合理的贮藏方法，以保证扁桃仁的新鲜度。

(1)贮藏条件：扁桃贮藏期的长短与贮藏效果的好坏由以下两个方面决定：一是自身条件，包括扁桃核果的破损度、含水量等，一般破损度越高，贮藏期越短，完整无缺的核果贮藏期最长。相比之下，含水量是更为重要的决定因素，要求核果含水量不能超过真菌生长要求的最低量，而且果仁还必须保持其商品性，主要是脆度、耐嚼。有研究报道，扁桃带壳果仁于贮藏期间含水量在4.0%～8.0%为宜。二是外界条件，主要有：

①温度。有研究报道，带壳的扁桃仁在0 ℃时可贮藏

20 个月，在 10 ℃时可贮藏 16 个月，在室温条件下可贮藏 8 个月。所以要长时间贮藏扁桃，应将温度控制在 0 ℃左右，一般 0～5 ℃即可，在这种温度条件下能抑制真菌繁殖与害虫活动，有较好的贮藏效果。另有研究显示，扁桃仁去壳后，在冷藏条件下可贮藏 4～6 个月，在冷冻条件下可贮藏 9～12 个月。

②相对湿度。对环境相对湿度的控制对保持扁桃果仁的香气、颜色和质地有着很重要的意义。一般控制相对湿度在 55%～65%为宜，如果贮藏环境的相对湿度达到 70%或超过 70%以上，会有大量霉菌产生；若相对湿度继续上升，达到 75%以上，就会增加果仁的含水量，影响贮藏效果。

③贮藏环境的气体成分与含量。氧气是影响扁桃贮藏效果最主要的气体，氧浓度过高会使霉菌大量出现，使扁桃仁腐败变质，还会促进害虫频繁活动，使扁桃仁受损变质。所以，降低环境中氧气的浓度十分必要，氧浓度在 0.5%以下为宜。而且，扁桃是否带壳贮藏也与氧浓度有关。有研究显示，大气中氧气含量在 0.5%以下时，带壳的扁桃仁和不带壳的扁桃仁同样稳定，不易变质，但如果氧浓度增加到 0.5%以上，带壳的扁桃仁就比不带壳的扁桃仁稳定得多。这是因为裸仁比带壳的仁生理代谢快，更易变质。因此，要根据贮藏目的和贮藏时间来确定氧浓度的大小。

研究证明，二氧化碳含量高于80%有利于控制贮藏环境中害虫的活动。国外资料认为，当氧气含量低于1%、二氧化碳含量为9%～9.5%时，于18 ℃贮藏扁桃12个月，可很好地保存果仁的品质与风味。

④贮藏环境中的害虫。若扁桃核内含有蛀虫，在贮藏期间蛀虫会对果仁进行破坏，影响贮藏效果和产品品质。所以，要对害虫进行有效控制，可采用以下方法：

a. 低温冷冻处理。资料显示，温度在13 ℃以下时，可阻止害虫生长和繁殖，在5 ℃以下时可有效控制害虫的危害，但温度不要低于0 ℃，与前面提到的贮藏最适温度一致即可。

b. 调节贮藏环境中氧气和二氧化碳的浓度。物理方法是用0.3 kGy剂量的γ射线照射核果，可抑制病原微生物生长，同时还可使害虫不育，甚至将之杀灭。

c. 化学方法。贮藏前经二硫化碳熏蒸，能杀死潜伏在核果内的害虫。具体方法是在密闭条件下，每1 000立方米用1.5千克二硫化碳熏蒸18～24小时。

(2)贮藏方法：

①室温贮藏。首先要确定扁桃核果已被完全晒干，而后将其装入麻袋或者布袋中，置于干燥、通风、阴凉处保存，要保证贮藏地无虫害、鼠害。为以防万一，将袋子悬挂保存也可。在贮藏期间，要定期检查翻动，出现问题及时处理。

②低温贮藏。需要长期保存的扁桃核果必须有低温的贮藏环境。贮藏量小时,可将核果密封装入聚乙烯袋中,然后放在0～5 ℃的冰箱或冰柜中保存;贮藏量大时,可用麻袋装。

③气调贮藏。该方法可长期保存扁桃核果。将扁桃果实置于相对湿度55%～65%、氧气浓度0.5%以下、温度为0～1 ℃的气调库中贮藏,效果最好。此外,气调贮藏的贮藏期长,能充分保持桃仁的风味,且不破坏其营养成分,保证了较高的商品品质。

薄膜贮藏法的原理与气调贮藏类似,是将扁桃核果放入封闭的薄膜内,然后抽出其中的空气,再通入二氧化碳或氮气,并用吸湿剂控制里面的相对湿度,再整体控制环境温度等因素,从而达到贮藏保鲜的目的。